〔実践〕

自治体まちづくり学

まちづくり人材の育成を目指して

〔編著〕上山肇 〔著〕河上俊郎・伴宣久

公人の友社

はじめに

本書で、初めて「自治体まちづくり学」を書くことになった。

東京特別区のまちづくりは、それぞれの区で、その区の課題解決を図るため様々なまちづくりが行われているが、三人の著者はそれぞれ東京特別区の職員としてまちづくりを実践してきた経験がある。

全国のまちづくりに興味のある読者の皆様に、まちづくりの基本をおさえてもらい、東京都を中心に自治体における様々なまちづくりを紹介しながら、そこで実践した経験をベースに「自治体まちづくり学」を位置付けていきたいと考えている。

「自治体まちづくり学」の目標の一つに、まちづくり職員を育成することがある。まちづくりという言葉が使われ始めて数十年経っているが、まちづくりを担当する職員を育てるための仕組みがない現状にある。これはなかなか解決できない課題でもあり、次の時代に向け私たちの時代ではなく、これからのまちづくりを担ってくれる人材を育成することこそ、私たちが最優先として取り組む課題であるのではないかと考える。

ここで取り上げたまちづくりの事例は、著者たちが取り組んだほんの一部であり、この取り組みを展開させる中で、次の著書でまた新しいまちづくりを伝える事ができればと考えている。

（河上）

2024 年 1 月

目　次

[本書のねらい（目的）]

本書では改めて「まちづくり」や「まちづくり学」、「自治体まちづくり学」を定義し、まちづくりの機能や理論を踏まえながら自治体のまちづくりを各執筆者の経験を踏まえ自治体における実践を交えながらわかりやすく解説する。そのことにより、読者に自治体で行っているまちづくりについて理解を深めてもらうことを目的としている。

まちづくりにたずさわる方々にとって、まちづくりを実践する際に「こういうこともあるのか」「こういうこともできるのか」という気づきの一助となり、これからの自治体におけるまちづくりの新たな創造につながるものとなることを願う。

[対　象]

読者対象としては、自治体職員やコンサル・企業でまちづくりに携わっている者の他、大学・大学院でまちづくりを学んでいる者、まちづくりに興味のある市民（地域住民）などを対象と考えている。大学や大学院のテキストとしても大いに参考になる書籍になるものと考える。

第１章

“自治体まちづくり学”の創造

―まちづくりの理論と実践―

ポイント

ポイント１:「まちづくり（学）」「自治体まちづくり（学）」の定義を理解し、“まちづくり”の機能と“まちづくり”の理論について考えよう

ポイント２：“まちづくり”を実践することには、どのような意味・意義があるのだろうか

ポイント３：“まちづくり”に直接携わる自治体職員の心構えとは

1.1　“まちづくり”の背景にあるもの

“まちづくり”という言葉が広く使われるようになってどのくらい経つだろうか。以前は「町づくり」や「街づくり」といったように漢字を使用することもしばしばあったが、最近では平仮名の「まちづくり」が大半を占めている。この「まちづくり」については今やあらゆるところで用いられ、この名のもとに様々な活動が全国各地で繰り広げられている。

地域のまちづくりを政策として考えるときに、まちづくりの計画や規制・誘導、プロセス、そして具体的に実現するための事業や制度といった一連の関係性について整理するとともに、そのことを実務者がしっかりと認識し、目的に応じたまちづくりを具体的に実践・展開していくことが求められている。

そして、まちづくりを実現する過程において、特にそれらを担い重要な役割を果たしているのが地域の自治体であり、自治体のまちづくりのスキルによって私たち市民の暮らす実際の“まち”の姿に大きな差がでてくるのも事実である。

本書ではそうした自治体のまちづくりに焦点をあて、自治体職員としての経験を持つ者がそれぞれの経験に基づき蓄積した経験と知識を「自治体まちづくり学」という名のもとにまとめたものである。また本章では「自治体まちづくり（学）」について新たに定義するとともに「まちづくり」「まちづくり学」についても改めて定義する。その上で以降の章に繋げることにより、様々な視点から自治体が実践しているまちづくりについて考えていく。

“まちづくり”を考えるとき、そこにはその地域あるいは地区独自の将来像を描いた「計画」があり、それを具体的に実現していくための「ルール」があることが理想である。「まち」という単位は人間の側から見た単位であり、近年、“まちづくり”という言葉は、行政内だけでなく地域社会や地域住民の間においてもいたるところで使われるようになってきた。同時に全国各地でユニークなまちづくりが実践されるようになり、行政計画においても「魅力あるまちづくり」「活力あるまちづくり」といった言葉として使われるようになってきている。

この“まちづくり”については、「街づくり」という言葉で、1962年に名古屋市栄東地区の都市再開発運動で初めて使われてから、都市計画における住民参加の道を開いてきたと言われている。今日これほどまでにも、この“まちづくり”という言葉が広がっているのは、人々が“まちづくり”という言葉に込められた新たな発想を望んでいることが考えられる。

現在、全国各地でまちづくりが進められているが、今後一層、積極的なまちづくりを行うためには、従来の行政主体のまちづくりに対して、その地域・地区に実際に住んでいる住民自らの参加が前提となることは確実である。そして、住民の持つ多様な意見・意向といったものを地域や地区のまちづくりに反映するためには、行政分野や個別法令といったものとは別の意味での総合的な対応が絶対といってよいほど必要なものとなるだろう。

1992年の都市計画法改正によって創設された第18条の2は、まちづくりの基本方針（都市マスタープラン）を定めることを義務づけている。そもそも都市計画区域に関しては、第7条4項で「整備、開発又は保全の方針」を定めることになっているが、これは都道府県知事が定める広域的な都市づくりの方針にも反映されることになる。今後、都市計画を一層円滑に推進するためには、市町村という狭い地域・地区レベルにおける都市づくりやまちづくりの問題・課題と、それに対応した整備に関する方針などを明らかにすることが必要である。

その策定手続きについては、「市町村は、基本方針を定めようとするときには、あらかじめ、公聴会の開催等住民の意見を反映させるために必要な措置を講ずるものとする。」として策定段階における住民参加を法的に義務づけている。これは、言い換えると土地利用規制や事業の前提となる都市像を住民自らが共有するということを意味しているが、今までその具体的な住民参加方法が明示されていないために、実際には各市区町村の創意工夫に委ねられているというのが現状である。

2000年5月の都市計画法改正においても「都市計画の決定システムの合理化」について「行政のアカウンタビリティーの向上や透明性の確保、住民参画の要請に応えるため、都市計画決定手続について一層の透明化を図るとともに、地域住民の意向の反映を図る方向で拡充」とあり、住民参加のより一層の必要性が強調され、今まで十分に成されていなかったところを補いながら、住民参加を進めるため、その重要性について説いている。

「まちづくり」特に地域に密着した地域や地区のまちづくりの主役はあくまでも実際にその地域・地区に住んでいる住民（市民）であり、その住民が住む地域の特性に応じたまちづくりをするためには、住んでいる人々の声を「まち（地域・地区）」に反映するという意味において第5章でも論ずる「市民（住民）参加」や「合意形成」については必要不可欠である。

同時に、最近特に注目されているのが、第4章で取り上げる産官学間や自治体間といった「連携」であり、こうした「連携」は、今後の実効性のあるまちづくりの展開を考える上で欠かすことができないものと言えよう。

（上山）

1.2 “まちづくり”とは“自治体まちづくり”とは

―まちづくり(学)の定義・自治体まちづくり(学)の定義―

そもそも“まちづくり”とは何なのだろう。“まちづくり”という言葉を最近ではいろいろなところで耳にする。例えば、景観まちづくりや観光まちづくり、福祉のまちづくり等々。ありとあらゆるもの(分野)にこの“まちづくり”を掛け合わせて様々なまちづくりが存在するようになった。

この“まちづくり”という言葉については、一体どのくらいの人がその意味を理解して使用しているのだろうか。この“まちづくり”については書籍や自治体の発行物、ネット等でも知る機会もあるだろうが、最近ではカルチャースクールや大学の学部等でも授業が開講され、様々なところで学ぶこともできるようになってきている。

(1)“まちづくり”の定義

そもそも“まちづくり”とは一体何なのだろうか。また、どういうことを意味するのだろうか。使用する人によって“まちづくり”の捉え方は様々であるだろうが、その言葉の定義について調べてみると下記のように整理をすることができる。

> **[“まちづくり”の定義]**
>
> **地域や地区の住民が共同して、あるいは地方自治体と協力して、自らが住み、生活している場を、地域や地区に適応した住みよい魅力あるものにしていく諸活動。**

この“まちづくり”という言葉は戦後、高度成長期以後に、地方自治の発展と地域住民の活動が活発化するなかで多く用いられるようになった言葉で地域性により、都市づくり、地域づくり・地域おこし、村づくり・村おこしなどが同義語として用いられてきた。

活動内容によっては、次のような多様な「まちづくり」がある。

［多様な“まちづくり”の定義］

① 物的施設づくり：道路や建築物、緑など「物的施設づくり」を目的とするもの。新たにつくられることだけでなく、保存を目的とする場合もある。

② 生業（産業）づくり：地域の特産物や観光資源、地場産業の開発など「生業づくり」を目的とするもの。

③ イベントづくり：祭りや博覧会、スポーツ大会など「イベントづくり」を目的とするもの。

④ 人づくり：生涯学習や医療・健康などの「人づくり」を目的とするもの。

また、“まちづくり”は、その都度使用する際、表現の仕方に「まちづくり」「町づくり」「街づくり」と３通りがあるが、ひらがなの「まちづくり」が最も包括的な使われ方をし、「街づくり」は物的施設づくりを目的とした場合に、また「町づくり」はその中間の意味として使われることが多い。

本書では、この「まちづくり」という言葉を学術的観点も踏まえ「まちづくり学」として捉えることにより、まちづくりを実践する際に体系的に思考できるのではないかと考えている。また、それをテーマに自治体職員経験者が取り組んできた施策について各人が培ってきたまちづくりの知見を踏まえ語っていくことで、ここで“まちづくり”を改めて学問として「まちづくり学」

として位置付けておきたい。そこで本書では「まちづくり学」を次のように定義する。

[「まちづくり学」の定義]

持続可能で良好な都市環境を形成するため、自治体等が行う“まちづくり”が都市環境に及ぼす影響について、まちづくりの対象となる空間や地域・地区の実態から、まちづくりの計画や規制・誘導手法、まちづくりのプロセス、地域間や産官学等の連携、具体的にまちを実現するための事業・制度に至るまで幅広い観点から探る学問。

それでは本書で主に取り扱う「自治体まちづくり（学）」についてもあわせて定義しておきたい。概ね“まちづくり”と同様の内容になるが、自治体まちづくりとしたときに自治体の果たす役割や自治体の機能・政策の仕組みといったところの重みが増してくるものと考える。そこで「自治体まちづくり（学）」を次のように定義する。

[「自治体まちづくり（学）」の定義]

自治体が主体となり、地域や地区の住民（市民）や地域団体・企業等と協力して、市民の暮らしの場を、地域や地区に適応した住みよい魅力あるものにしていく諸活動（自治体の視点で「まちづくり学」の定義にもあるように幅広い観点から探る学問）。

以上のような定義をもとに「自治体まちづくり」の構造を概念化した（**図1.1**）。

図 1.1　“自治体まちづくり”の構造の概念化

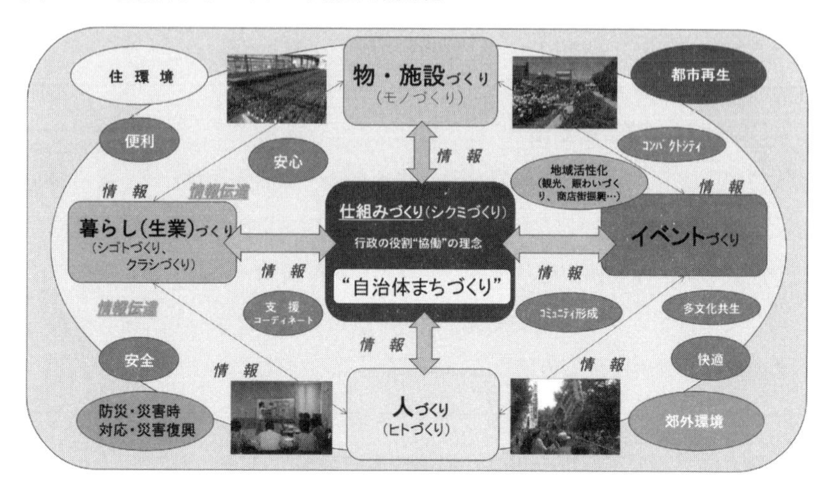

（2）“自治体まちづくり”を支える
「計画」「ルール」「プロセス」「制度・事業」

自治体が行うまちづくりの中で最近、話題となっているテーマとして、地方創生や地域活性化、観光まちづくり、都市再生、地域イノベーション、協働、持続可能性といったものがキーワードとして進められていることが多い。

こうした“まちづくり”は自然と形づくられるものではない。それを支えるものとして、行政や最近では住民と協働して一緒につくる「計画」や「ルール」、あるいはその過程としての「プロセス」、具体的にまちを実現するための「制度・事業」といったものがある。

「計画」とは地区独自の将来像を描いたものであり、まちづくりにおいては例えば「都市マスタープラン」であったり、「地区計画」といったものがある。これらはまちづくりを誘導するための手段（誘導手段）となるものである。

また、「ルール」とは地域や地区のまちづくりを具体的に実現するためのものであり、自治体が定める条例や要綱、あるいは協定といったものがあり、まちづくりにおいては規制するための手段（規制手段）となるものである。

そして、「プロセス」とは住民と適正に意思疎通を図るための過程のことであり、住民で構成される協議会や懇談会といったことを通して住民との合意形成を図るために必要なものである。この合意形成手段は現在まちづくりをする上で最も重要なこととして位置付けられており、それぞれもまちづくりにおいて創意工夫が求められている。

これら３つの他に具体的にまちを実現するための手段となる「制度・事業」の活用も大切な要素である。いくら計画やルールをつくりきちんとプロセスを踏んだとしてもまちづくりを具体的に実現するためには、行政による制度や事業を活用する必要性がある。

こうした観点で第２章以降、具体的なまちづくりを取り上げながら見ていくことにしよう。

（上山）

1.3 “まちづくり”の機能と理論

まちづくりに関しては、歴史や観光といった面も含め様々なパターンがあるが、まちづくりはその目的に応じて計画やルール、組み立て方（プロセス）が違っているが、今後の展開には大きな可能性があるものと思う。

また、まちづくりにおいては、単に行政が一方的につくる計画ではなく、住民参加や住民との合意形成を図ることによって一層実効性のある“まち”ができることもわかっている。今後は実現したまちづくりの評価といったことも的確に行っていく必要性がある。

（1）まちづくりの機能と要件

ここでは、まちづくり機能について理論的に整理することを目的に、パーソンズ[1]によって定式化された機能要因図であるAGIL図式[2]の応用を試みる（図1.2）。

---

1 **タルコット・パーソンズ**（Talcott Parsons、1902-1979）はアメリカの社会学者で、パターン変数、AGIL図式を提唱するなど、機能主義の代表的研究者と目された。ロバート・キング・マートンらと並び、20世紀に登場した中で最もよく知られている社会学者の一人である。

2 **AGIL図式**はパーソンズによって定式化された代表的な機能要因図であるが、元来、R.F. ベールズによって定式化された小集団の問題解決行動の分析から導き出されたものである。その後、論理的に構築され、社会システムから行為システム全体に一般化され経験的研究にも適用されている。

1）まちづくりの機能

パーソンズの社会システム理論では、行為システムが直面する問題を外部的―内部的な問題と手段―目的の問題という２つの軸によって「A 機能＝外部的・手段的な機能要件（適応：Adaptation）」、「G 機能＝外部的・目的的な機能要件（目標達成：Goal-at-tainment）」、「I 機能＝内部的・目的的な機能要件（統合：Integration）」、「L 機能＝内部的・手段的な機能要件（パターン維持：Pattern-maintenance または潜在性：Latency）」の４つの体系問題に区別した（**図 1.2**）。

具体的なまちづくりの事例より、まちづくりの機能を大きく、行政（計画）機能、市民参加（意思決定）機能、法（ルール）による規制機能、経済的観点をも含む価値（判断）機能に分類し、**図 1.3** に示すように機能要件図として整理した。それぞれの機能については次のとおりである。

①行政（計画）機能

パーソンズの社会システム理論では、G 機能が外部的・目的的な機能要件（目標達成：Goal-at-tainment）であったが、この機能をまちづくりでは A 機能（administration function）＝行政（計画）機能と置き換えている。これについては、様々なまちづくりの事例からまちづくりの将来像や目標・目的を示す計画は行政が主導してつくられていたことが多く、行政の果たす役割（機能）の大きさを事例により確認することができる。今後は、市民に対し計画を示すとともに支援する機能を有し、まちづくりによって得られた効果を同時に算定することが求められる。なお、実効性のあるまちづくりを実現するためには、地区計画や景観地区に代表される地区固有の詳細計画（地区まちづくり計画）を策定し、併せてルールを策定することが必要である。

②市民参加（意思決定）機能

パーソンズの社会システム理論では、I 機能が内部的・目的的な機能要件（統合：Integration）であったが、この機能をまちづくりではＰ機能（participation function）＝市民参加（意思決定）機能と置き換えている。このことは「合意形成」ということとも結びつき、まちづくりを実現するうえで大きな要素となる。市民が果たす役割としては、市民はまちづくりの計画づくりに参加するとともに、その計画に基づき行政とともに実現する行動をすることがある（協働）。併せてまちづくりを実現するためのルールづくりにも協力（参加）し、より実効性を担保することとなる。また、評価されたまちづくりの価値を認識することにより一層まちづくりは促進される。

③法（ルール）による規制機能

パーソンズの社会システム理論では、Ｌ機能が内部的・手段的な機能要件（パターン維持：Pattern-maintenanceまたは潜在性：Latency）であったが、この機能をまちづくりではＲ機能（regulation function）＝規制機能と置き換えている。まちづくりの実効性を担保するためには、単に「規制」するだけではなく「誘導」することも必要である。この実効性を担保させられる一つのポイントとしての「ルールづくり」については、単に計画だけでなく、法や条例・要綱といったより実効性のあるルールによって計画を支えることができる。

④経済的観点をも含む価値（判断）機能

パーソンズの社会システム理論では、Ａ機能が外部的・手段的な機能要件（適応：Adaptation）であったが、この機能をまちづくりではＶ機能（value judgment function）＝価値判断機能と置き換えている。行政としては、計画づくりと同時に経済的側面から費用対効果等を予想・評価する必要がある。また、できあがった“まち”についても評価することが求められる。

図 1.2　AGIL 図式

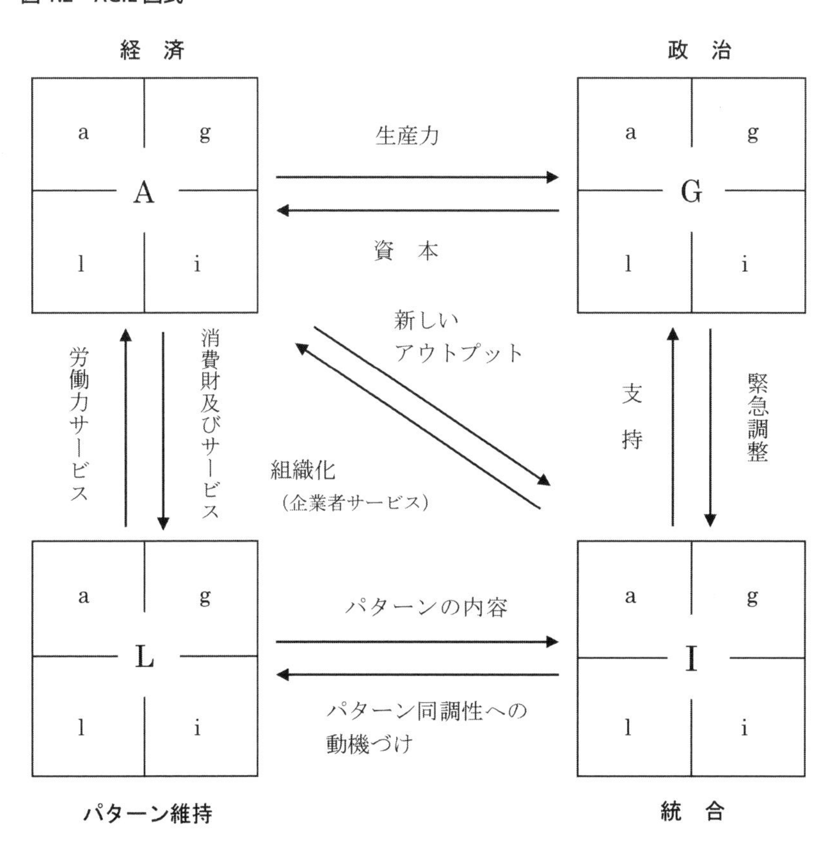

A 機能＝外部的・手段的な機能要件　G 機能＝外部的・目的的な機能要件
I 機能＝内部的・目的的な機能要件　L 機能＝内部的・手段的な機能要件

図 1.3 まちづくりの機能要件

［価値判断機能 : value judgment function］
- 環境価値の認識
- 環境の経済的評価
- 規制による影響

［行政（計画）機能 : administration function］
- まちづくりの技術及び情報の提供
- 都市計画・事業等決定手続き
- 意識啓発

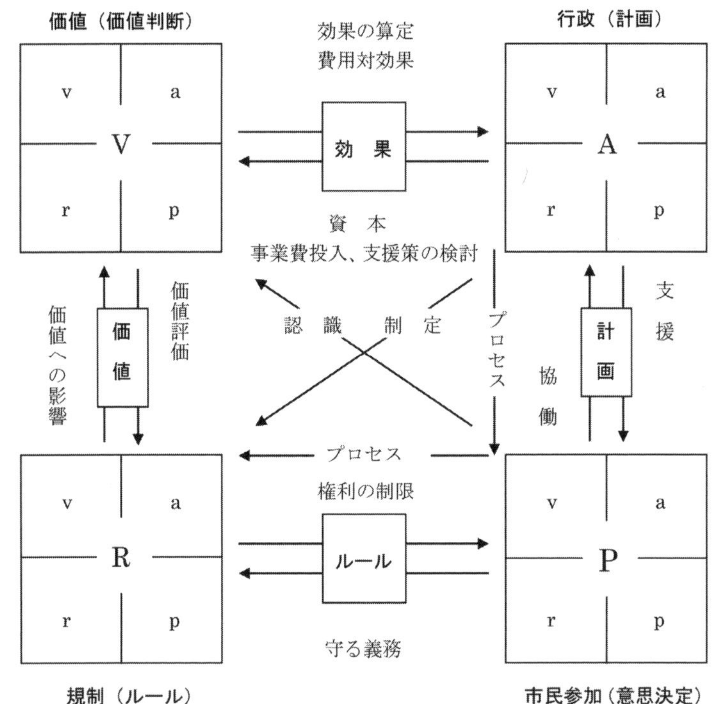

［規制機能 : regulation function］
- 法的位置づけ（条例、要綱）
- 法制度の活用（地区計画、景観地区等）
- ルールの遵守

［参加機能 : participation function］
- 意思決定、意識啓発
- 合意形成に基づく計画・ルールの作成
- まちづくり協議会の設立

2）まちづくりの要件

それぞれの機能間には「要件」として、次のようなプロセスが必要であり、併せて今後は事業・制度を総合的に組み合わせたまちづくりを展開していくことが求められる。

①プロセス（過程における合意形成）

まちづくりの計画を策定したり、ルールをつくるためには、しっかりしたプロセスを踏み、住民との合意形成を図ることが必要である。

②有効な事業、手段との組み合わせ

いろいろな事例でも確認できたように、単に一つのテーマ（課題）を解決するためだけの地区まちづくり計画ではなく、例えば、景観地区や密集事業といったものと組み合わせることにより、総合的に効果的なまちづくりが実現できる。そうすることにより住民の理解も得られやすい。

（2）まちづくり理論

「まちづくりの機能」については前述のように確認できたが、その上で「まちづくり理論」については、次の 4 つの理論から構成されていると考えることができる。

①計画・プロセス理論

良好な都市環境を形成するための地域や地区のまちづくりには基本的に「計画」が必要であり、まちづくりの計画の諸段階（プロセス）において様々な仕掛けが必要であるとする理論である。同時に、それを保証する制度や手法・技術等の基盤力が必要となるが、本書でも取り上げる「地区計画制度」や「密集事業」等はまちづくりにおいては大きな要素であり、まちづくり政策を行う上で大きな手段となっている。

②参加のまちづくり理論

現代の都市計画に多くの主体が参加するように、まちづくりにおいても行政や住民、事業者（企業等）が様々な形で参加することによって実効性のあるまちづくりが成立するという理論である。具体的に、どのような形で参加すると効果的か、特に住民の力量を高め自発性を高めるにはどうすべきかに関しては、その基本は政治学や行政学と考えられるが、学習心理学など、心理学を中心とする基礎理論や、経営学や経済学などとも関わってくることになる。また、「住民」や「参加」という言葉の背後にある様々な意味をあえて厳密に考えてみることで、１つの社会経済システムのもとでの各主体の役割や関係性の実態・あり方を評価や構想することが可能となる。

③規制・誘導理論

有効なまちづくりを行っていくためには、規制・誘導をする必要があるとする理論である。まちづくりによる財産権の制限を正当化するためには「公共性」そのものも変化し住民を含め「公共」を担う主体も変化していく必要性がある。この理論においては、行政主導であれ民間主導であれ、決めたルールをつなぎとめておく形にしなければならない。法令や条例、要綱はもちろんのこと、協定やガイドラインといった形式も重要になる。

④評価理論

計画理論は静的な規範や考え方であるが、まちづくり（特に地域や地区）では動態理論ともいうべき理論や技術が必要となる。評価理論は計画理論と実践を結びつけるための理論ともいえる。計画内容の質を高めるためには「評価」が重要な要素になる。評価には政策評価や計画評価、事業評価の各段階がある。評価のツールとして、表明選好型（CVM、コンジョイント分析）のアプローチと顕示選好型（トラベルコスト法、ヘドニック法等）のアプローチがある。

（上山）

1.4　まちづくりを実践することの意味・意義

「まちづくり」の定義として、本書第１章では「地域住民が共同して、あるいは地方自治体と協力して、自らが住み、生活している場を、地域にあった住みよい魅力あるものにしていく諸活動」としている。

（1）地方自治体職員として、まちづくりを実践するとは

1）地方自治体の役割として

①住民にとって住みよいまちとなるようにまちづくりの事業を行うこと。

②住民のまちづくりに協力して、間接的に手伝うこと

に大別されると言える。これをわかりやすく説明すると

①は地方自治体が直接予算を用意して、まちづくりとしての公共施設整備等を行うこと。

②は地域住民が自らまちづくりを計画し、実践する際に地方自治体が直接、間接に支援を行い、まちづくりを行うこと。

たとえば地方自治体が不燃化促進事業として、住民が木造の建物を不燃建物に建て替える場合に、地方自治体が不燃化促進の助成金で支援することなどやまちづくり専門員を派遣して、住民のまちづくり活動を具体化することなどが考えられる。

これらのまちづくり実践活動は、地方自治体として地域住民のために魅力のあるまちづくり計画を作って、住みよいまちづくりを進めていく責任があるからである。

（2）地方自治体として、まちづくりを実践するための課題

1）まちづくり人材育成の意義

公務員は採用職種が決まっている。地方自治体で「まちづくり職」という職種は無い。建築職・土木職等専門的な職種が普通である。本書で事例紹介している「すみだまちづくり塾」は、筆者がまちづくりを担当していた経験を生かし立ち上げたものである。他の地方自治体にお願いしてまちづくりの現場を見せていただき、経験の少ない職員に勉強してもらった事例である。

東京特別区という地方自治体は、それぞれ個別の自治体運営を行っているが、以前は特別区研修所において、23区合同の新人研修をはじめ各種の職層研修を行なっていた。しかし最近は研修内容の多様化により、専門研修の需要が増え、まちづくり研修も需要には対応できなくなっている。

全国の地方自治体では、自治体の規模によってまちづくりの中身も変わってくると思われる。それを担当する職員も経験者ばかりとは言えないのではないか。自分の経験からいうと、まちづくりを初めて担当したとき、一番知りたかったのは、同種のまちづくりを担当する職員から、まちづくりの現場で直接説明を聞いてみたいと思ったことである。そんな思いを、私たちまちづくりの経験者が職員に手を差しのべて実現させることがもっとも必要なことと考える。そこで2023年10月に伴、河上、上山の3人で新たに「まちづくり塾」を発足させた。今後東京特別区職員を中心として、まちづくりを担うための人づくりを実践していきたい。

2）まちづくりでの情報提供の意義

東京スカイツリーを建設する際に、地元を含め大変新タワーに関心が高かった。地域住民にとっては、これまで経験したことのない高層タワーが建

設されることに対する注目度が高いことと、悪い意味で自分たちに何か影響があるのではないか、情報が得られないことに対する不安があったのである。

建築施設の建設に際して、情報提供を行う方法としては、建築確認申請に併せて建築紛争を予防するための説明や都市計画法第 17 条による案の縦覧による情報開示などがあげられる。

しかし、これらの説明は 1、2 回程度開催され詳細な説明はなされず、詳細な内容を理解することは難しいと思われる。地域住民から見ると、どのような施設ができ自分たちにどんな影響があるのかなど、知りたい内容を直接事業者から聞く機会の希望は強かったのではないか。

これまで様々なまちづくりを経験してきた者として、地域住民へまちづくりの情報を伝えていく努力が必要と考えたのである。そこで、情報提供を継続できる「押上・業平橋地区新タワー関連まちづくり連絡会（以後まちづくり連絡会という）」の設置を試みたのである。

まちづくり連絡会参加団体の対象区域は、押上・とうきょうスカイツリー駅周辺地区地区計画区域 35.2ha に接する町会・自治会 29 団体を構成員とした。墨田区が事務局となって、事業者である東武鉄道株式会社と新東京タワー株式会社、墨田区と 29 町会・自治会でまちづくり連絡会を作り、新タワー（東京スカイツリー）に関する情報提供を行ったのである。1 団体 3 名の委員を出してもらい全体で 100 人を超える大きな連絡会となった。

3）地域住民が事業者とつながった

ここでの情報提供と質疑が地域と事業者との信頼関係を醸成する場となり、いち早く情報が提供される場であったことから、近隣住民の関心も高く工事に関連する要望なども伝わりやすく、現場の対応も素早く行われていた。この連絡会は、いち早く関連情報を公開することにより、地域住民と新タワー（東京スカイツリー）をつなげる役割を担ったのである。（河上）

1.5　自治体職員による実践まちづくり

（1）まちづくり推進課長の憂鬱

私が、まちづくりに最初に関わったのは、2007年にまちづくり推進課長に就任した時である。前任の課長から引き継いだのは、再開発や大規模な開発が起きそうな案件、街路整備の地元調整、10数か所のまちづくり協議会の事務局運営であった。それまで私は、建築職として施設整備や建築確認申請業務に専門知識を生かして公務に従事してきたが、新しい所属で何をどう進めるか全くわからなかった。

当時、公務員としてのキャリアは20年ほどあったので、唯一、地方自治の本旨と言う言葉を思い出した。「地域のことは地域住民が決める」ということが、柱の一つと記憶している。このことから、「地域の住民の要望を如何に実現するか」が、与えられたタスクと承知したが、「何を」、「どのように」、「どんな風」に実現していくかは、全く決まっていない状態で、地元の協議会に参加すると「課題は、わかっているのに何で進まないのか。」「前任の課長は、すぐにでも解決できると言っていたぞ。」と毎晩のように数人の部下の前で、叱責されて、ノイローゼになる寸前だった。

そんな状況が数か月の間、続いた時に、23区のまちづくりを視察して、職員どうしで、意見交換する「まちづくり塾」の話が、どこからともなく来た。当時、数人の意欲のある部下と参加したのを覚えている。

23区内の大規模なまちづくりを視察させてもらい、どのような課題の下、まちづくりをどのように進めたか、地域住民の意見調整をどのように進めたか、どんな苦労があったか、これらの実践に基づく話は大変参考になり、暗闇の中の一筋の光明になった。最初は目先の対応で精一杯だったが、徐々にまちが変わる実感と共に、地域の方々との連帯感も感じることができるようになった。まちづくりの仕事は、今では、自分の公務員人生の中で最高の仕事であったと言っても過言ではない。

現在は自治体職員の立場は離れたが、自分の経験を体系的にご紹介することにより、自治体職員はもちろん、広義の地域住民や関係者の方々の参考にしていただきたい。

（2）これからまちづくりに取り組む方へ

ここで、これからのまちづくりに取り組む方へまちづくりの実践において大事なことをお話ししたい。

まず住民参加をどう担保するかが重要になる。私が勤めていた台東区は、東京のほぼ中心で住民はもとより、企業や商業活動している方、通学、研究をされている方、地域住民の声を代表する議員、地域に愛着を持つ外部の方々、など様々なまちづくりの主体が存在する。

第５章では、道路整備を有力な団体の代表に計画の後押しを依頼したがために、反対する関係者が組織化し事業に反対の狼煙をあげたが、反対派の意見を真摯に受け止めながら事業内容を調整し進めた事例や、地域の有力者による反対が予測されるため、庁内の積極的な賛成を得られないなかで公民連携でまちづくり事業を進めた事例を紹介している。

次に、まちづくりを実現するためには、区や東京都よる都市計画、行政計画はもとより、まちづくりに関わる民間企業の事業計画などのいわゆる主体の異なる計画と共にどう進めるかのプロセスが大事である。

第６章では、地域の住民の意見を集約しながら、具体の民間事業を進め、地域のまちづくりの議論を深度化しながら、更なる合意形成を重ね、複数の事業を実現しまちづくりを進めている事例を紹介している。

次に、まちづくりの規制・誘導である。まちづくりを動かす為には、事業者の投資意欲を刺激する計画が必要である、例えば、容積率という敷地の面積に対して何倍の床面積を許容する都市計画上の制限を緩和すると、高層建築を誘導できるが、周辺環境に様々な影響を与えることも配慮し、用途や、景観などに一定の規制も与えることも重要である。これは、車のブレーキとアクセルと理解していただきたい、どちらも踏みっぱなしだと暴走するし、アクセルを踏まないと何も起こらない。第３章では地区計画という都市計画法の手法について簡単に概要を説明しながら、浅草と言う国際観光地で、地域住民からの要望で地区計画の策定要望をいただき進めたまちづくりの事例を紹介する。その他、まちづくり人材の育成やまちづくりを具体的に実現するための制度論などもまちづくりの実践に不可欠である。

最後に、行政が苦手とするまちづくりの評価である。ここ十数年で、各自治体の行政評価は、だいぶ定着してきたと思うが、まちづくりの成果に対する客観的な評価はこれからと思う。そんな問題意識で筆者は、まちづくりの効果を大学院で研究した。第８章で都市計画の制度そのものが、どんな効果をまちに与えているのかの研究成果を紹介する。

まちは、様々な政策や民間投資による開発がいつも水面下で動いている。何もやらなくてもまちは徐々に変わっていく、それはいい方向かも知れないし、悪い方向かもしれない。さらに行政の課題は、多面的なまちづくりの課題でもある、少子高齢化、地方の過疎化、オーバーツーリズム、ＡＩなどの影響で、まちがどのよう変わる可能性があるのか。

長期的な視点でまちを俯瞰しながら、短期的な課題に対応してまちの未来を考えながらいかにまちづくりを進めるか。こんな、チャレンジングでエキサイティングな仕事はないと思う。まちづくりを進める自治体職員の健闘を祈る。（伴）

〈参考・引用文献〉

延藤安弘（1990）『まちづくり読本―こんな町に住みたいナ―』晶文社
加藤晃、竹内伝史編著（2007）『新・都市計画概論改定２版』共立出版株式会社
上山肇（2011）「地区まちづくり政策の理論と実践」法政大学博士学位論文
上山肇（2017）『まちづくり研究法』三恵社
上山肇､加藤仁美､吹抜陽子､白木節子（2004）『実践まちづくり』信山社サイテック
田村明（1999）『まちづくりの発想』岩波新書
タルコット・パーソンズ、丸山哲史 訳（1991）『文化システム論』ミネルヴァ書房
タルコット・パーソンズ他、武田良三 監訳（2011）『社会構造とパーソナリティ』新泉社
地域社会学会編（2011）『キーワード地域社会学』ハーベスト社
都市計画用語研究会（2004）『都市計画用語辞典』ぎょうせい
三船弘道、まちづくりコラボレーション（2009）『まちづくりキーワード辞典』学芸出版社

第２章

まちづくり“計画”の役割

ポイント

ポイント１：計画の役割について考えよう

ポイント２：良い計画＝地域・地区の特性と市民の意見が反映された計画

ポイント３：具体的な計画の策定と計画策定時の苦労

2.1　地域・地区特有の計画

（１）人々が実感できる計画

「まちづくり」は人々にとって身近で、実感できるところからはじめる必要がある。その実感できる範囲が「地区」であり、あるいは「街区」といった単位なのだろう。そこには住宅、商店、工場、学校や公園があり、人々が自ら確認できる生活の場が存在する。

「自然発生的な地区まちづくり」に対して、地域や地区全体の実態（現状・課題）から将来あるべき姿（方向性）を考えながらまちづくりのルールを定めたり、必要に応じて誘導（コントロール）することにより、理想的な「市民に身近なまち」をつくっていくことを「計画的な地区まちづくり」ということができる。このような計画は地域・地区全体の環境の向上あるいは保全のために行われるものだから、その計画内容やルールについては大半の人々に納得され公正な手続きによってつくられなければならないのは至極当然のことである。

分権自治体が「地域の特性」に関わって自主・自立的に「地域における行政」を行なっていくという時代になって、各自治体は地域社会の要求に応えて責任ある自治政策を立てなければならなくなっている。国の政策を単に執行するだけという「末端行政」の時代は去り、今や政策的な「先端行政」としての資質が求められている。

地域特性を活かした計画を考えるときにドイツにおける建築詳細計画で細かく建築形態が定められているのを手本にした「地区計画制度」が日本にお

いて非常に大きな手段となっている。日本における都市計画制度は長い間、都市レベルの大きな用途配置や都市施設の配置を定めるに留まっていたが、1980年に制定された地区計画制度によって、地区レベルのきめ細かなまちづくりをすることが可能になった。この際には、地区計画等の案の策定手続きは、委任条例によって各市町村が定めることにもなっている。

現在、盛んに叫ばれている「地区まちづくり」をねらいとする「まちづくり条例」のルーツもここに端を発する。1983年に東京都では江戸川区の船堀駅周辺地区の地区計画が最初に策定されているが、40年を経た現在、まちのかたちが現実のものとして見えてきている。

この地区計画においては、「住民参加」と「合意形成」の問題が特に重要になる。その理由として、①地区住民（地権者）に対して新たな制限を課すことになるため　②都市計画の決定手続き上必要となるため　③具体的に実現するために住民の協力が必要なため　という3つの点からである。ここでいう「合意形成」については、都市計画決定手続きに入る前までに、様々な段階があるが、一般的には大きく「策定する計画を自分たちのまちに実際にどのように活かしていくかということに関する合意形成」と「具体的な計画案の内容についての合意形成」が考えられる。

（2）求められる具体性・実効性

地区計画制度ができたころ、自治体によっては用途地域変更等を実現することだけが目的であるだけで、計画策定については、どの地区も内容が全く同じといっていいほど計画の内容が一律であった。今後、地域固有の問題・課題を解決するために地区独自の具体的な計画である必要がある。

また、まちづくりの目的を実現するためのツールとして住民の参加や住民主体により策定された「計画」が重要な役割を担っているが、地域特性を活かしながら、かつ住民参加を図りながら計画を策定する必要がある。このことにより、一層実効性のあるまちづくりを実践することができる。

（３）即時性・即効性

近所に高層マンションができそうなので、それを防ぐために地区計画を策定する動きをするといったことがあるが、これもある意味、「“できる”ことから“すぐに”取りかかる」ということであるのかもしれない。確かに大きい計画を見据えながら実践していくことが筋であるが、地域や地区のまちづくりの場合にはとにかく、“できる”ところから“すぐに”始めるというスタンスも重要である。“まち”は常に変化しているので、待ってしまうことにより環境が悪化してしまうおそれがあるからである。

横浜市の「いえ・みち　まち改善事業」制度は、整備計画書の作成や主要プロジェクトの積み重ねによって徐々に成果をあげながら、それらをもとに実現可能性をもった計画をたてる仕組みになっている。

景観法が制定され、自身が関わり全国で最初の景観地区事例となった一之江境川親水公園沿線地区における景観地区指定は、本来は景観計画を策定してから景観地区の指定に入るところ、「“できる”ところから“すぐに”」という考えから景観計画を策定する前に景観地区指定をしている。環境悪化を未然に防ぐ意味においても賢明な判断であった。

（４）計画の見直し

地域・地区のまちづくり、特に地区計画においては、多くの場合、計画策定後何年も経過しているのに未だ策定当時のままの計画であることが多い。“まち”は常に変化しているので状況に応じて適切な時期に計画を見直すことが必要である。計画策定時だけのまちづくり協議会の活動ではなく、常にまちを見守り続けられるようなまちづくり協議会的組織の存続といったように、現状にあった地区まちづくりができるように状況に応じて見直しができる仕組みづくりをする必要がある。

例えば、土地区画整理事業や都市計画道路事業に併せた地区まちづくりを行う場合、しばしば誘導容積型地区計画を採用するが、事業が終了したにも関わらず、誘導容積型から一般型への変更をしないままになっていることある。地区まちづくりも常に変化しているので、一定のスパンで最新の情報・実態を反映した計画にしておく必要がある。

また、都市計画制度的にも一度決めたことを地区計画の中に収めてしまうのではなく、上位の都市計画、例えば地域地区の変更や都市計画道路網の見直しにつなげていく計画論を確立するとともに、その手続きを整備する必要がある。

（上山）

2.2　まち・地域の特性をよく理解しよう
―谷中のまちづくり

（1）まちづくりの関係者、行政とそれぞれの立ち位置の微妙な違い

上野公園の東側、文京区と台東区の区界にある谷中をご存知だろうか？

関東大震災、東京大空襲などの被害が少なく、大きな災害に遭うことなく、江戸以来の歴史をもつ寺町である。

地政学的には、上野台地から昔の川筋であった不忍通りに向かって高低差のある坂のまちであり、坂の上は、敷地の広い社寺や邸宅があるが、坂の下に向けては、敷地が狭く、狭隘な道路と古い木造建物が密に建っている密集市街地を形成している。この様な地域特性や路地の佇まいや、文化財級の建物、石垣、塀が点在する地域の街並みが、外国人も含めた多くの谷中ファンを引きつけ、週末ともなると多くの来街者が回遊し、小京都のような賑わいとなっている場所である。

谷中のまちづくりは、今から約40年前、主婦３人による地域雑誌『谷中・根津・千駄木』（通称　谷根千）の創刊に端を発し、地元の大学で谷中地域の研究をされていたＳ氏が、地元の「谷中学校」を拠点として本格的なまちづくり活動を始めた。当時の活動は、歴史的建築物の保存・活用によるまちなみ保全の視点で進められた。マンション建設の反対運動に端を発した区初の建築協定の締結など一定の成果を残した。積極的に区内のまちづくりを進めた功労者である前任のＯ課長は、Ｓ氏のシンパでもあり、谷中地域においても、Ｓ氏やまちづくり協議会会長のＮ氏と深くかかわりながら、まちづく

りに協力してきた。とりわけ、2004年には、区として地域、学識者、関係行政機関が、連係して「谷中地区まちづくり都市再生整備計画」[1]を策定し、限定的ではあるが、電線の地中化、道路修景事業を進め、行政と地域の立ち位置の違う者どうしのまちづくりにおけるコラボが成功した。

一方、区域内の密集地域を対象とした、建て替え更新や用地買収による防災街路の整備、いわゆる「谷中2・3・5丁目密集住宅市街地整備促進事業」[2]による地域の防災性向上が大きな課題であった。坂の下側の住宅密集地域の住民は、行政の進める防災まちづくりには賛成するもののどちらかと言えば、坂上の地域を対象とするS氏のすすめる保全型のまちづくりには、反対の方も多かった。

区はO氏とS氏の強い思いに引っ張られ、前述の都市再生整備計画を作成したものの、実施には事業実施の同意を関係者より得られなかった事業もあり、地域住民の全員合意というわけでもなかった。私が2007年にまちづくり部門に異動してきた時に、上司のT部長からは、S氏とは一定の距離感を持って接するように指示をいただいた。T部長は、土木職でありながら管理職試験も早々と合格し、現場経験の豊富な先輩でもあり、指示に違和感もあったが指示に従って、S氏と敢えて距離をおいた。

1　**谷中地区まちづくり都市再生整備計画**
谷中地区の歴史、文化、自然環境を生かしたまちづくりのために旧まちづくり交付金の交付を受ける前提で、都市再生特別措置法第46条第1項により台東区が作成した整備計画。

2　**谷中2・3・5丁目密集住宅市街地整備促進事業**
谷中2・3・5丁目は老朽化した木造住宅が多く、震災や戦災復興による基盤整備が行われていないため、狭隘道路、行き止り道路が多く防災性に課題を持っている。谷中においては、土地区画整理事業の様に従前市街地を抜本的に整備するのでは無く、道路の拡幅、公園などのオープンスペースを、増やし建物の不燃化を進めてきた。

（２）まちづくり方針案の策定から地区計画の策定
—地元と行政の対峙、そして相互理解へ

そのように、行政、地域住民との間に微妙な違いがある状況で、2004 年には､東京都が谷中地域を東西に貫く都市計画道を廃止し､既存の街並みを残す都市計画道路整備方針を表明し､沿道３区の合意形成が進められた。

東京都の都市計画道路整備方針[3]の見直しは、都市計画道路予定地の建築規制が解除され[4]まちなみが変わる恐れがあるので、東京都、周辺区と連携しながら、それぞれ、用途地域の変更、地区計画の策定に着手した。ちょうどこの頃、私は、都市計画課長に異動しこの地区計画の策定を担当することになった。

前述のように地域には、様々な意見があり、地域の意見を集約する必要があった。そのため、谷中地区まちづくり協議会と連携しながら「谷中まちづくり方針」の策定を開始した。この方針は、長年地域に住み谷中のまちづくりの思いが強いＳ氏や学生時代の当時から谷中に関わってきた区の担当係長も携わったこともあり、当初の方針案は住まい方まで規定する彼らの思いの詰まった物であった。地区計画の策定に際し、まちづくり方針案を現実に即

３　**都市計画道路整備方針**

正式には、東京における都市計画道路整備方針（第４次事業化計画）と言う。東京都と特別区及び 26 市２町は、都市計画道路を計画的、効率的に整備するために、概ね 10 年間で優先的に整備する「事業化計画」を過去、区部、多摩地域で別々に定めてきた。2015 年より、より効率的に道路整備を進めるために東京都全体の第４次事業計画を定めた。

４　**都市計画道路予定地の建築規制**

都市計画道路の予定地は、都市計画法５３条により建築物の建築に一定の制限を与え、建築確認申請の前に許可を要する。

写真 2.1
都市再生整備計画で整備された街区

写真 2.2　密集市街地整備で拡幅中の道路

したもので整備計画の対象地域を絞りこんだ。都市計画の体裁に合うようにしながら、地元の意見をさらに丁寧に聞くべき地域は、当面の対象区域から外した。

しかしながら、台東区の地区計画の都市計画法の告示と同時に隣接区にまたがる東京都による都市計画道の廃止が決まっており、十分な時間がかけられない事情もあり、整備計画の策定区域を、都市計画道路が廃止になると建築制限が解除される地域と谷中２・３・５丁目の不燃化特区地域[5]に絞り込んだ。

区の策定方針としては、2018 年７月に密集市街地の建物更新が進むように壁面線の後退を定め道路斜線制限を緩和する街並み誘導型地区計画を基本とした地区計画素案を作成した。地区内の整備予定地域２千５百軒の方を対

5　**不燃化特区**

東京都は、東京の最大の弱点である木密地域の改善を目的に「木造地域不燃化１０年プロジェクト」に取り組んでいる。谷中２・３・５丁目は、従前より踏み込んだ取り組みを行う「不燃化推進特定整備地区」（通称不燃化特区）としている。

象にアンケート調査を実施し、地域の意向確認をしつつ、丁寧に地域報告会を実施し個々の意見を聴取し地区計画案をまとめていった。さらにこの地区計画により現存する建物にどのような影響がでるかを調査し、地権者に、個別、かつ丁寧に、きめ細かく説明を進めた。

（3）丁寧に進めていきながらも反対意見がでた

ところが、2019年春頃から、「谷中の街並みを守れ」、「谷中の青空を守れ」、「路地文化を残せ」、「高い建物を規制しろ。」と言った観念的な意見や議会への陳情など、多様な意見が地域の内外から寄せられた。さらに、区の都市計画審議会でも、委員で都市計画制度研究の大家でもある学識経験者のO教授が「街並み誘導型地区計画ではその制度の特性上、谷中の街並みは守れない」と自身の研究に基づく専門的な主張を始めた。

また、区界の隣接区との高さの制限の数値の違いはおかしいという、考え方に差異が出る特別区の各区が策定権限を有するまちづくりについても指摘も受けた。これらの指摘を受け、地区計画案はいくつかの修正を迫られことになった。都市計画手続きは、デッドロックに乗り上げた。

（4）地道な努力は続けられ、地区計画の再挑戦を始めることが出来た。

自身も谷中に居住するH区長は、東京都や周辺区の都市計画手続きに対しても「住民の方々のご意見を承りながら丁寧に進めなさい」との指示で、再度、街並み誘導型地区計画で必要な壁面線をいれることによる、様々な影響について、通り毎、個別敷地ごとにケーススタディを行い、地区計画案の変更、再度の説明、了承と２回の地元説明会を経て、東京都、隣接区の都市計画変更のスケジュール変更のご了解を頂きながら、再度、都市計画法16条の素案説明会に漕ぎつけた。そして、担当職員は、あたかも地を這うようにしながら、更なる意見に対応し大きく5点の修正を加えた後、再度の都市計画法17条に基づく原案説明会、意見聴取を経て2020年3月に足掛3年をかけた地区計画の公告を行う地区計画の都市計画決定を行なった。

並行して、2019年には学識経験者の意見を聴取しながら、寺社等の経年建築物の悉皆調査、2020年度は経年建築物のうち景観形成上重要な建築物実態調査を経て、2021年度には景観形成のガイドラインの策定をした。現在は、都市計画道路の廃止に伴い解体の危機にあった登録文化財である建築物をどう保全・活用していくか、今後の谷中のまちづくりにどのように生かしていくかの検討が進められている。

（伴）

2.3　公共施設の適正配置を考える

―岡山県鏡野町における公共施設等総合管理計画策定―

地域社会の実情にあった将来のまちづくりを進める上で、公共施設等を総合的かつ計画的に管理することは必要かつ不可欠なことである。

現在、公共施設等の老朽化対策が社会的にも大きな課題となっている。特に地方公共団体では厳しい財政状況が続く中で、今後、人口減少などにより公共施設等の利用需要が変化していくことが予想されることを踏まえ、早急に公共施設等の全体状況を把握し、長期的な視点をもって更新・統廃合・長寿命化などを計画的に行うことにより、財政負担を軽減・平準化するとともに公共施設等の最適な配置を実現することが必要となっている[1]。

図 2.1　鏡野町の位置

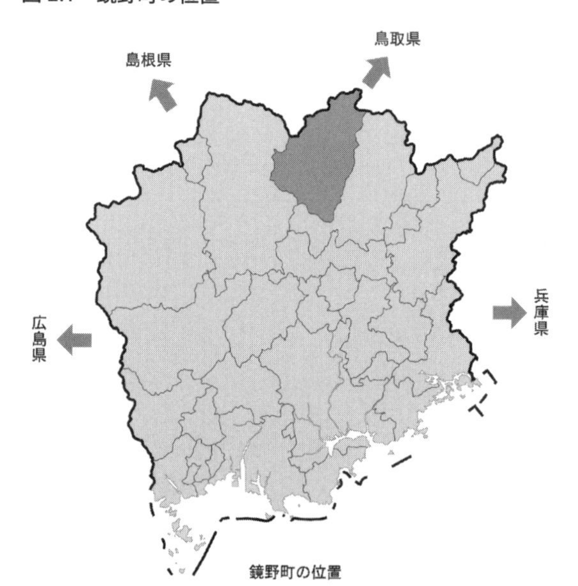

（出典：鏡野町総合計画より。一部加筆修正）

国においては、「経済財政運営と改革の基本方針～脱デフレ・経済再生～[2]」において「インフラの老朽化が急速に進展する中、「新しく造ること」から「賢く使うこと」への重点化が課題である。」との認識のもと、2013年11月には「インフラ長寿命化基本計画」が策定されている。

こうした状況の中で、全国の地方公共団体においては、「公共施設等の総合的かつ計画的な管理を推進するための計画（公共施設等総合管理計画）」の策定が進められているところである。

今後、公共施設等総合管理計画の策定にあたっては、市民の理解・市民との合意形成が図られた多くの具体的な実践例から、公共施設等の最適な配置について実効性のある新たな展開の可能性が見えてくるものと考える。

ここでは、自らが関わった岡山県鏡野町の公共施設等総合管理計画策定を事例に、公共施設白書作成による実態把握や町民アンケート調査を行うなど町民の意見を伺い計画策定に努めたその方法を見ながら、今後の公共施設管理のあるべき姿について考察する。

（1）鏡野町の公共施設の現況と課題及び今後の取り組み

鏡野町では公共施設等総合管理計画策定にあたり、2016年度に公共施設白書を作成している。

1）鏡野町の公共施設の現況

平成の大合併により苫田郡西部4町村が合併して誕生した鏡野町は合併後、行財政改革を進め、行政サービスの向上、財政の健全化に努めてきた。その一方で日本社会は高齢化・人口減少が進展している中で、鏡野町におい

1　2014年4月22日に「公共施設等の総合的かつ計画的な管理の推進について（総務省総財務第74号）」が、総務大臣より各都道府県知事・各指定都市市長宛てに通知されている。

2　2013年6月14日閣議決定

ても同様の状況にある。

公共施設等総合管理計画策定当時、町が所有する公共建築物は、336 施設（総延床面積 185,580㎡）あり、2016 年 4 月時点での人口 13,538 人に対し、町民一人あたりの保有面積（総延床面積 / 人口）は 13.7㎡ / 人となっており、他自治体に比べても多い状況にあった。公共建築物の用途別整備状況は、学校教育系施設が 26.6％で最も多く、次にスポーツ・レクリエーション系施設が 22.9％、市民文化系施設が 11.4％、行政系施設が 10.1％であった。

2）鏡野町の公共施設の抱える課題と今後の取り組みの方向性

公共施設の抱える課題としては、現存施設の老朽化の進行により改修・建て替えに非常に多くの予算が必要となることが想定される。今後、①災害時の防災拠点や避難所となっている施設の改修による安全性の確保　②財政負担を軽減するための更新費用の平準化と圧縮　③施設の余剰化　④公共施設に求められる役割の変化への対応　⑤生活に大きな影響を及ぼすインフラ施設の老朽化への対応、といった課題に早急に取り組む必要性があった。

そうした課題から、今後の取り組みの方向性として①全庁的、総合的な管理運営　②施設の寿命を延ばすための適切な維持管理、予防保全　③サービス・機能の複合化による施設の有効利用　④町民との合意形成と協働による推進、というようなことが考えられていた。

（2）計画策定に向けての取り組み

鏡野町ではこうした公共施設の現状・課題、今後の取り組みの考え方がある中で、「合意形成と協働の推進」の一環として公共施設等総合管理計画策定に向け、公共施設白書の作成以降 5 回の検討委員会、町民アンケート調査、庁内各部署への聞き取り調査等を行っている。

町民への意識調査（アンケート調査：調査期間は2016年9月～10月、回答数（回答率）は403名（40.3%））について調査結果の一部を紹介すると、公共施設のあり方として、検討の必要性については約8割の人が検討の必要性を感じており、整備の進め方については、「あまり使われていない施設を転用し、施設数は増やさない。」が36.5%と最も高く、次に「現在ある施設はそのまま維持し、建替えの際には将来の利用ニーズに応じて、規模や数を減らす。（33.3%）」と続いていた。

表2.1　公共施設を減らす理由

公共施設を減らす理由	割合（%）
公共施設を利用しておらず必要性を感じていないため	7.8
あまり使われていない施設があるため。	14.9
同じような用途の施設が複数あるため。	8.5
公共施設の維持にも多額の経費が必要であり、効率的な管理運営が必要であるため。	24.6
今後老朽化する施設の改修・建て替えにより、町の財政負担が増えるため。	15.9
今後の人口減少等により、利用者数や利用ニーズが変化するため。	27.3
その他	1.0

表2.2　減らすべき施設

減らした方が良いと考える公共施設	割合（%）
利用が少ない施設	28.2
維持管理に多額の経費を要する施設	19.9
利用者がかたよっている施設	5.9
民間が運営した方がよい施設	11.0
同じような用途の施設がある施設	17.2
耐震性や老朽化など安全面に不安のある施設	17.5
その他	0.3

公共施設を減らす理由については、「今度の人口減少等により、利用者数や利用ニーズが変化するため。」と答えた割合が27.3%と最も多く、次に「公共施設の維持にも多額の経費が必要であり、効率的な管理運営が必要であるため。」（24.6%）と多かった（**表2.1**）。また、減らすべき施設については、「利用が少ない施設」と答えた割合が一番多く（28.2%）、次いで「維持管理に多額の経費を要する施設（19.9%）」、「耐震性や老朽化など安全面に不安のある施設（17.5%）」であった（**表2.2**）。

今後優先的に維持していくべき施設については、医療施設が最も多く（20.8%）、次いで学校教育施設（17.9%）、子育て支援施設（14.1%）であった。

公園（2.1%）が少なかったのは意外であったが、子育て支援施設については「生活上、利用する必要がない」と回答した人が90.8%と最も多かったにもかかわらず、次世代を担う子どもたちを大事にしていきたいと考える人が多いことがうかがえる。

（3）鏡野町公共施設等総合管理計画

この計画は、2014年4月の総務大臣通知「公共施設等の総合的かつ計画的な管理の推進について」に基づき策定されたもので、鏡野町における計画体系としては、本町の目指すべき将来像を示す「鏡野町第2次総合計画」の基本理念に則り、今後の各公共施設等の個別計画等を策定する際の指針として位置付けられている（**図2.2**）。

図2.2　総合管理計画の位置づけ

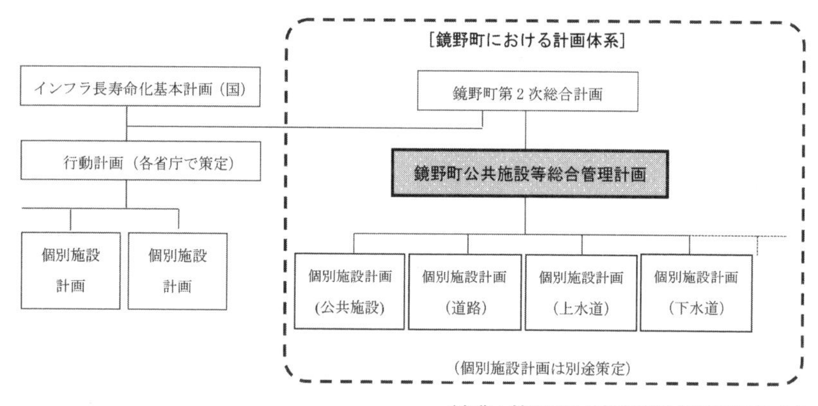

（出典：鏡野町公共施設等総合管理計画より）

1）計画の基本理念

課題に対応するため、以下の3点を計画の基本理念とした。①公共施設等を適切に管理し、安心して快適に利用できるようにする。（品質）②利用ニーズに応じ、必要なサービスを必要な量だけ提供する。（供給）③将来世代に過度の負担を引き継がない持続可能な財政運営を行う。（財務）

2）基本方針

それら基本理念の下に、総合計画や財政計画と整合をとったうえで公共施設等のマネジメントに関する基本方針を「住民の福祉の水準を維持しながら、人口動態等の社会状況に応じて施設の統合や廃止も視野に入れ、公共施設等を適正な状態で管理を行い、行政サービスを継続的に提供する」として定め、全庁を挙げて公共施設等の総合管理について取組みを推進するとしている。

（4）まちづくりにおいて公共施設の適正配置を考える際の視点

このように、今回町民アンケート調査に伴う公共施設検討委員会への町民参加や広報活動を実施することにより、公共施設の適正配置のあり方について考える時、行政の考えだけでなく、町民の意識についても把握することができた。

ここでは行政による市民アンケート調査や広報活動を積極的に行うことによって、次の３点を認識した。①行政と市民との公共施設の現状・課題に関する認識の共有：市民参加により市民が公共施設に関する現状や課題を身近に感じることができ、同時に公共施設のあるべき姿について行政と住民が認識を共有することができた。②公共施設の運営・管理に対する協働意識の芽生え：公共施設の運営・管理費が莫大にかかり、町の財政に大きく影響することが白書からも十分伝えられたが、公共施設等総合管理計画策定を通して、市民が公共施設の維持・管理に伴う財政面における認識をもつことができ、協働の意識が芽生えた。③公共施設利用に対する住民意識の高まり：市民が公共施設の利用実態を白書等から知ることにより、適切な公共施設利用に向けた住民意識の高まりが結果から見られた。

今後の課題としては、次の3点が挙げられる。①計画における基本方針で掲げたことの具体的な実践：公共施設を「適正な状態で運営・管理」するための仕組みを協働の姿勢で行政・住民の双方あるいは両者でつくる必要性がある。②公共施設の具体的統合の実施：既存の公共施設の統合に向けた具体的なアクションを引き続き起こしていく必要性がある。③市民参加の継続性：公共施設の状態（現状、運営管理等）に対して、町民が常に意識を継続していけるよう行政として、あるいは町民側からも情報を発信する必要性がある。

計画策定については行政が一方的に行っている自治体がある中、鏡野町のように市民の声を聞く努力をする必要性がある。計画策定にあたり幅広くアピールするなど適正な公共施設のあり方について市民に広く理解してもらうよう働きかけることにより初めて町全体が一つになる。鏡野町で行ったアンケート調査は有効であったといえよう。

（上山）

2.4　上司から止められた「上野地区まちづくりビジョン」の策定

（1）幻の上野駅ビル計画

かつて、東北地方の玄関口と称され多くの集団就職の人たちが目的地にしたＪＲ上野駅は、1932 年に竣工した。筆者が台東区役所で仕事を初めた 1986 年は、首都高速上野線と国道４号線に分断されていた駅舎から国道４号線を挟み反対側の街区にある東京地下鉄本社に向け、ペデストリアンデッキが都市計画事業で整備された。メトロ本社ビルと上野駅駅舎が、床のレベルも含め不自然な形で接続されていた。

その後、1989 年には地上 67 階建て、高さ 300 メートルを超える磯崎新氏の設計による建築物の計画がＪＲから発表された。このビルの中には区立の美術館も計画されていて、当時、営繕課で施設建設を担当していた私は、企画部門からの依頼で美術館を複合施設の中で設けることについて、法律上の課題について調べたことは記憶に残っている。

しかし、この駅ビル整備計画は、修学旅行生の受け皿になっている、地元の駅前旅館団体の強い反対で、事業の具体化が見られないまま、幻の計画となっていった。

区の都市づくり部門でも、地元の反対があって頓挫しているので、暗黙の了解で進めてはいけない計画として扱われてきた。

（2）30年の年月を経て、転機が訪れる

私がまちづくり推進課長に就任し２年くらい経った時だと思うが、国土交通省から出向していたＫ担当部長を経由して､ＪＲ東日本の中で、国や東京都などの行政関係者、コンサルタント、鉄道事業者で構成される検討組織に区としても参加して欲しいとの要請が来た。当時の都市づくり部長は､プロパーであったので、過去の経緯もあるので積極的な関与を避ける趣旨から、オブザーバーとして、係長、主任と私の３人で会議に参加することを指示した。

検討会は、過去の経緯、現状の課題、整備の方向性等、かなり専門的に検討が進み、約一年で一定のまとめをすることとなった。その中で、上野駅の整備については、過去に、国、東京都、ＪＲを中心に幻の超高層ビル計画が、作成され、ビルはＪＲの計画として、道路などの基盤整備は国と東京都と区で分担して整備することが決まっていた。その結果、ビルができる前提で整備されたペデストリアンデッキは、新築されたメトロ本社ビルとはきちんと接続されたが、超高層ビル計画が頓挫したため、駅舎側の不自然な接続状況はこの結果であることが分かった。

さらに当時の計画で、上野公園口前の道路も駅を出たところで地下化して、両大師橋手前で地上に出て、鉄道線路上に人工地盤を構築し、新たな駅前広場、そこから、首都高速上野線に接続する立体道路まで計画がされていたことが分かった。

つまり、かつて上野駅とその周辺を整備するという壮大な計画を共有し、それぞれの事業主体がそれぞれの責任で整備を進めることとなっていたが、ＪＲの分が未完のままになってしまった。その後、国と東京都、区、ＪＲは、超高層ビルの立つ予定の場所に構築した基礎を活用して上野駅東西連絡橋を構築して、昭和通りの東側から上野公園に至る災害時の避難動線を構築した

段階で計画は凍結状態であった。

ＪＲの検討会はその後２年に渡り検討が続けられ、駐車場、新交通の導入まで検討することとなった。検討会で意見を交換したりしてＳ顧問とも親しくなり、今回の検討に至った経緯などを色々伺うと、顧問はもともと国土交通省の技術系幹部職員で、若い頃、超高層の駅ビル計画にも関与されていて未完の上野駅の開発について課題意識をお持ちで、これまで、ＪＲに転じてさまざまな駅についての検討会を主催して社内のプロジェクト候補として提案する仕事をされていた。

上野駅の検討会をやった理由は、もともと近隣区の出身で、若かりし頃上野で遊んだこともあり、地元に対する非常に深い愛情の結果であることを聞いた。勉強会の成果は、Ｓ顧問から区長や区の上層部に説明をしていただき上層部の反応も満更ではないものの、区が単独で進めるにはあまりにも遠大な計画に映ったようだった。

写真 2.3　上野駅前ペデストリアンデッキ

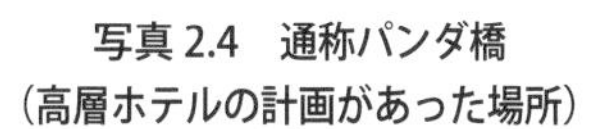
写真 2.4　通称パンダ橋
（高層ホテルの計画があった場所）

（3）区として取り組むための必要十分条件

区職員の私が思いもよらない壮大な計画になり、当時の都市づくり部長は、過去の経緯があったので、開発を進めることには消極的であったが、過去の経緯も聞いていた私は、今回の検討をなんとか実現につなげたいと考えた。

そこで、筆者はこの頃、御徒町駅前南口広場の整備で懇意にしていた、地元の有力者Ｓ氏に相談をしに行くと、地元まちづくり協議会のＳ会長が同席していた。Ｓ会長に、「上野駅は、山手線の中の駅の整備が次々おこなわれているが、取り残されているので、区としてもなんとかしたい」ことを申し上げた。Ｓ会長は慎重な方で、地元の有力者の中でも若手だが、皆が一目置く存在である。少し考えた後、有力者のＳ氏からの紹介でもあり、地元の考えをまとめてくれることを約束してくれた。私は、この報告を都市づくり部長に報告し、区として「上野地区まちづくりビジョン」をまとめる政策決定をして頂いた。

さて、次にどう進めるかを考えた時、過去に策定の最終段階に関わった「浅草地域まちづくりビジョン」のことを思い出した。当時は、地域の基礎調査を実施し、学識経験者、国、東京都、地元の代表、区役所の幹部を入れた検討委員会でビジョン策定の最終段階を担当したのだが、50人近い委員がいて、20人以上のメンバーがいたと思う。３つの小委員会の議論でビジョンをまとめたのだが、最終段階の取りまとめで、座長のＫ氏から「区は、私を担ぎ出しておいて私に相応しいビジョンになってないじゃないか。」と言われた。当時は、当惑して何も言えなかったが、この意味は、ビジョンをある程度進めて分かったのだが、区が主体的に勧められるプロジェクトのみが、ビジョンに記載され、国や東京都、民間事業者主体のＫ氏が係る意義のあるビッグプロジェクトは、記載されていなかったことである。

上野地区まちづくりビジョンの策定に際して、過去の轍を踏まないためにも、計画策定に際し、開発誘導方策の検討を都市再生機構に委託し、ＪＲとの検討資料を参考に、事業の可能性、地権者の意向を徹底的に調べ、概略の事業費、適用の可能性のある制度都市計画・補助制度を取りまとめた。30年間のアクションプランの資料とした。

同時に、S会長の休眠していた「副都心上野まちづくり協議会」も体制を再構築してもらい、区からも専門家を派遣して地元のまちづくり提案をまとめ「上野まちづくりビジョン」の策定委員会の場で提案してもらい、ビジョンを区が主体で作った形としなかった。その結果、ビジョンの策定には３年を要したが、ビジョン策定後も学系、関係者でビジョン推進委員会を立ち上げ、多様な関係者で全体計画の進捗を確認しながら、上野駅公園口整備が完了し、東上野４丁目では、交差点街区での再開発に向けた敷地整序型の区画整理による街区の再編が進むとともに、中央通り、東西連絡路、袴腰広場の道路や公共空間を活用した社会実験が着々と進んでいる。（伴）

図 2.3　中央通り社会実験ポスター

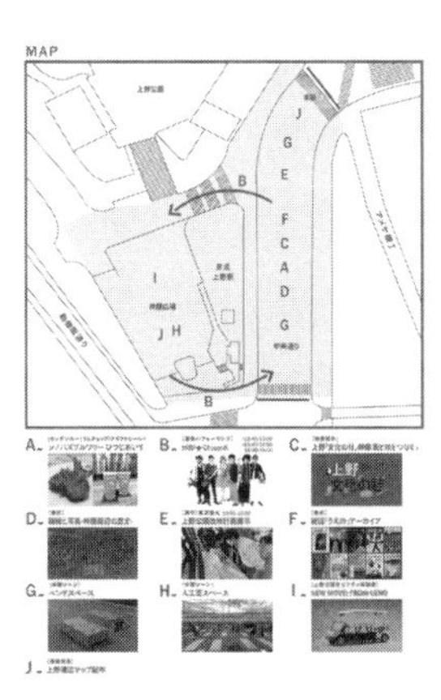

（台東区役所ＨＰより引用）

2.5　東京スカイツリーにおける「まちづくりグランドデザイン」の策定

東京スカイツリー建設から早や10数年が過ぎ、今や東京下町の顔として多くの人が訪れる名所となっている。

2004年墨田区が新タワー誘致を表明してから20年近く経つわけだが、東京スカイツリーができてどのような結果となっているのか。当時の状況はどのように変化していったのかグランドデザインがどう読み解いたのかを述べたいと思う。

（１）経緯

2005年新タワーの誘致を表明した時期は、墨田区に限らず下町の中小企業等の工場が、都市化による製造業の衰退や後継者の減少などにより、工場数が大幅に減少していた。このため、当時の人口減少とあいまって、衰退しつつある墨田区を回復させるために国際観光都市に転換しようと、東京スカイツリーの誘致を行ったのである。

2006年３月に建設地の決定を受け、まちづくりグランドデザインの策定の検討を開始した。グランドデザインを作った理由は、600 m級新タワーの建設は、その規模と集客数が大規模なため、新タワー周辺の町の状況が大きく変化すると考えていたからである。そのために、新たな将来都市像をいち早く提示することが区民に対する責務となる。

（2）グランドデザイン

ここでいうグランドデザインとは、「全体構想」であり、大規模な事業を長期間にわたって実施するための中長期の計画を作成することが必要である。具体的には、実施計画を関係事業ごとに年度計画を示し、事業の完了年度を全体のスケジュールの中で事業主体ごとに明確にしておくわけである。策定エリアは、土地区画整理事業が進められている新タワー建設地域 6.4 ヘクタールを中心とした約 35.2 ヘクタールであった。

この地域の特徴は、江戸時代の初め 1657 年（明暦３年）明暦の大火以降に開発された地域である。もともと湿地帯であった地域に網の目のように水路を掘り、その土を盛り上げて地盤の水抜きを行い市街地が作られていった。新タワーの南側に接する北十間川は隅田川につながる内部河川（運河）として物流の大動脈として活用されていたものである。この川の南側は関東大震災後に震災復興区画整理事業がおこなわれている。さらに新タワーの北側は東京都による戦災復興区画整理事業が行われ、街区は整然としている。隣接する向島地区は、江戸時代から続く隅田川沿川の江戸下町文化を受け継いでおり、隅田川両岸に引き継がれた江戸下町文化の一翼を担うものと捉えていた。

さらに交通結節点としての機能から見ると、公共交通機関のアクセスに恵まれていることと、首都高速道路や幹線道路網のアクセスが良いことなどが利点と言える。このことから車による来訪者の増加が見込まれ、交通渋滞など周辺環境に重大な懸念を与える事態への対応を迫られることになった。この解決にあたって、グランドデザインの中で特に新タワーへの北側からの入り口となる区道路（桜橋通り）の東武鉄道踏切の解消を図るために、東武鉄道高架化による立体交差化の実現を図ることとした。この立体交差化事業は現在事業化中で完成が待たれている。

このまちづくりグランドデザインを策定するにあたって「将来都市像」をどう読み解くかが大きな課題でした。600 m級新タワーという日本で初めての高層タワーと、延べ床面積 20 万㎡の大規模商業施設との複合施設が周辺地域に対してどのような影響を及ぼすのか、これを明らかにするのは大変苦労した。

（3）ゾーン区分

グランドデザインでは、４つのゾーンに分けられた新タワーゾーン、賑わいゾーン、機能再生ゾーン、水と緑ゾーンについてそれぞれ基本的方針と将来像を提示している。

図 2.4　①新タワーゾーン

図 2.5　②にぎわいゾーン

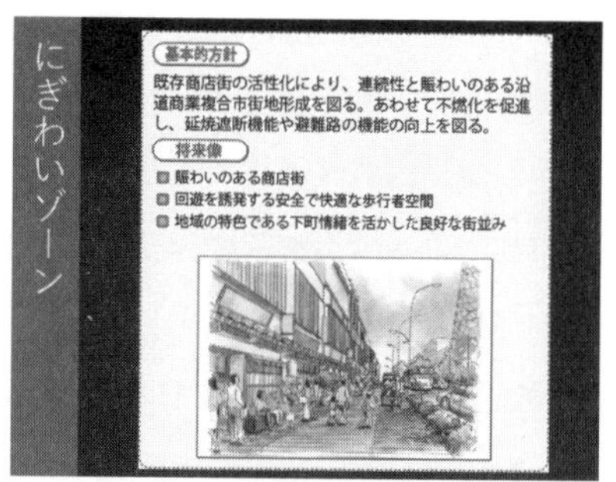

墨田区（2013）押上・業平橋地区まちづくりグランドデザイン

①新タワーゾーンでは、基本的方針として「商業・業務機能を核に下町文化を発信する多機能複合市街地の形成を図る」としている。これに対する将来像としては「観光情報発信拠点。防災や交通ターミナル」を目指している。

②にぎわいゾーンでの将来像としては、「賑わいのある商店街をはじめとして、安全な歩行者空間や良好な街並みを目指している。

③機能再生ゾーンでは、「日常空間でありながら観光客をもてなす町や、

生活者にとって便利な施設が高度に集積した生活支援拠点」を目指している。

④水と緑ゾーンでは、新たな水辺交通のネットワークを将来像としている。

図 2.6　③機能再生ゾーン

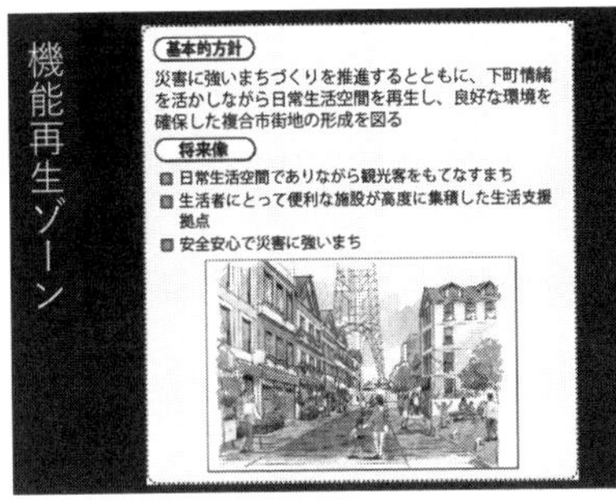

図 2.7　④水と緑ゾーン

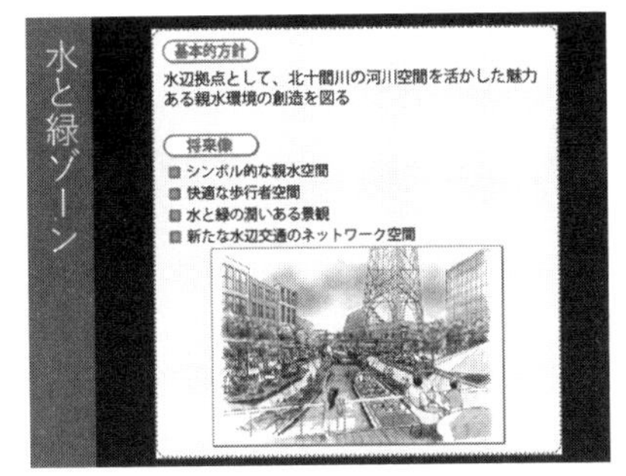

墨田区（2013）押上・業平橋地区まちづくりグランドデザイン

以上の将来像を示すには大変苦労した。学識経験者による検討委員会でも「機能再生ゾーン」の定義と将来像については各委員の思いが様々出され、取りまとめに時間がかかった。

このグランドデザインは、新タワーが建設されることで、どのようにまちが変化していくのか。まちのイメージ図を記載している。これは多くの人たちが期待を込めて要望が多かったものである。当初わかりやすいまちのイメージを考えていたが、４つのゾーンごとにまちの将来像を表現した。水辺を活かしたまちづくりのイメージは好評であった。

さらに将来像を示すとともに、まちづくり全体の各事業内容を、事業主体ごとに時系列で示して、よりわかりやすく作成した。多くの人たちから、このグランドデザインの将来像への意見や質問を受け、すべての問いには答えられなかった。しかしそれだけ多くの人たちに、まちづくりグランドデザインに示された将来像を考えてもらえたのであれば、これを作成した価値があったのであり、新タワーの完成後のまちづくりに大きな影響を与えるものと言える。

（4）グランドデザインの現在

現在、東京スカイツリーの周囲を見渡すと、このまちづくりグランドデザインの将来像で大規模事業として計画していたものが、東武鉄道の立体交差化事業である。すでに上り線のホームも移設され完成に向けて高架化事業が進んでいる。

さらに北十間川の耐震護岸整備に併せて新たな水辺空間の整備を行った。河川と鉄道と墨田公園の整備を併せて行い「ミズマチ」として、東武鉄道高架下の開発が進んでいる。これらの整備により、東京スカイツリーから浅草まで楽しみながら、東武鉄橋に設けられた歩行者専用橋を渡って多くの人たちが行き来している。浅草と東京スカイツリーを結ぶ新たな「通りみち」が創られたのである。

（河上）

写真 2.5　ミズマチ北十間川と東武鉄道高架橋

写真 2.6　ミズマチ東武鉄道鉄橋入口

〈参考・引用文献〉

鏡野町（2016）『鏡野町公共施設白書』
鏡野町（2017）「鏡野町公共施設等総合管理計画」
兼子仁（2001）『自治体・住民の法律入門』岩波新書
上山肇（2002）「地区計画の策定に関する研究―東京都江戸川区船堀駅周辺地区の実現状況―」『日本建築学会関東支部研究報告集』353-356 頁
上山肇、村島浩文（2018）「地方公共団体における公共施設の適正配置に関する考察―岡山県鏡野町における公共施設等総合管理計画策定を事例として―」法政大学地域研究センター『地域イノベーション No10』57-65 頁
佐藤滋編著（1999）『まちづくりの科学』鹿島出版会
墨田区（2013）「押上・業平橋地区まちづくりグランドデザイン」
田村明（1999）『まちづくりの発想』岩波新書

第3章

規制・誘導による
“まち”のコントロール

ポイント

ポイント1：規制・誘導することの意味を考える

ポイント2：“まち”をコントロールしながら“まちづくり”を実践する

ポイント3：地域活動を活性化するためのルールを考える

3.1　“まちづくり”における規制・誘導の意味と実践の意義

実際にまちづくりが行われる際には、法や条例などに基づき様々な規制や誘導手法が用いられることが多いが、次のように（1）地域・地区特有のまちをつくる　（2）まちづくりを支える手段、といった規制・誘導としての意味があり、同時にそれらを実践することにより持続可能性を担保しつつ着実にまちが変わっていく(良好な都市環境の実現)ことに意義があるものと考える。

（1）地域・地区特有のルールづくり
—地域・地区特有の“まち”をつくる—

規制や誘導に結びつくまちづくりのルールについては、まちづくりにおいて、地域や地区の日常生活での矛盾やトラブルを避けるという意味での消極的なものもあれば、人々が互いに協力しあい地域や地区のまちづくりを行っていこうとする積極的なものもある。

まちづくりを進める上で、その地域・地区特有の計画とともにその計画を具体的に実現するために欠かせないのがこの「ルールづくり」である。ルールについては、近年の一連の都市づくりやまちづくりにおける制度改革で具体的に「自主条例」といった形で一層効き目のある「ルールづくり」の条件が整ってきている。

国と地方公共団体との関係は、地方自治法制の抜本的な改正となった地方分権一括法の成立によって構造的に変えられたとされている。そのことにより機関委任事務制度が廃止され、地方公共団体の事務が見直されることによって条例の制定権が大きくなり、同時に地方公共団体は自主条例を自由に制定することができるようになった。

それとともに都市計画法などの改正を中心とした、個別法による各分野別の改革があった。条例に関して言うと、地方公共団体が委任条例を活用することにより、地域や地区の多様なまちづくりに柔軟に対応することができるようになったのではないかと考える。2000 年度の改正ではそうした傾向が顕著になっていたように思う。

こうした都市計画法等の法令が条例に委ねるところの拡大・柔軟化は、まちづくりに特化した条例（まちづくり条例）として自治体独自のまちづくりを展開するために制定されている既存ルールの今後のあり方にも影響を及ぼすのではないかと考える。それは、法令を補完することを目的としたまちづくりに関する条例から、地域や地区の多様な必要に応じた総合的なまちづくりのルールへと転換することを意味するからである。

このような動きは近年、自主的にまちづくりに関する条例の内容を定める形（地区計画等の条例とは別のものとして）で進展してきた。まちづくりにおいて、市民が主体的に関わって地域や地区の土地利用や空間的な秩序が形成されるようになれば、地元の発意や感覚によって市民的公共性が担保されることになる。そして、これからの地域や地区のまちづくり計画やそれを実現するための自主条例に代表されるルールは、一層その必要性が高くなってくることが考えられる。

（2）まちづくりを支える手段―制度、規制・ルール―

地域や地区のまちづくりには、建築基準法や都市計画法といった法律以外にもそうした法律に基づくまちづくりを具体的に実現するための制度や規制・ルールが必要となるが、具体的に、図にも示すように地区計画（都市計画法 12 条の 5、建築基準法第 68 条の 2 ほか）や建築協定（建築基準法第 69 条～ 77 条）、緑地協定（都市緑地法 45 条、第 54 条）、景観協定（景観法第 81 条～ 91 条）、特別用途地区（都市計画法 8 条、建築基準法第 49 条）、高度地区（都市計画法第 8 条、第 9 条、建築基準法第 58 条）、景観地区（景観法 61 条）、景観計画（景観法 8 条）等があり、その他に自主条例に基づくルール、任意のルールといったようなものがある（**図 3.1**）。

図 3.1　地区まちづくりを支えるルール

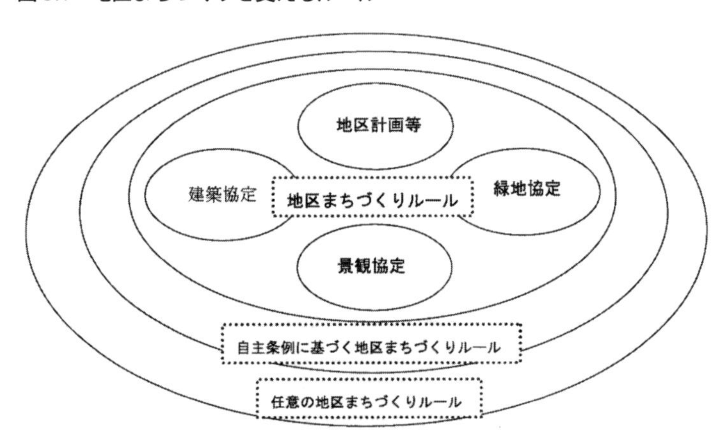

（上山肇『まちづくりの理論と実践』法政大学博士学位論文 p85 より引用）

（3）規制・誘導（ルール）の実践と意義

地区計画を例に挙げると、地区計画の都市計画決定後に対象の地区で建替え等の建築行為を行う場合、地区計画の内容に沿った計画に基づき建築行為がなされることで、地域や地区のまちづくりは実現していく。

3.2 で取り上げている地区計画制度は事業と直接は連動していないため、

地区の再開発事業などとは異なり地区計画を定めたことが短期間に目に見える形で実現できる訳ではなく、個々の建替えの際に計画に沿った建物がたてられることで、徐々にまちが変わっていくというゆるやかなものが基本となっている。地区計画では道路等の地区施設の整備は土地区画整理事業などの面的事業によって整備することや開発行為の際に民間事業者が整備することもある。

このように規制や誘導をまちづくりで実践することにより、持続可能性を担保しつつ着実にまちが変わっていく（良好な都市環境が実現されていく）ことに大きな意義があるものと考える。

（上山）

3.2　地区計画による規制・誘導

（１）地区計画との関わり

地区計画とは、1980年に作られた都市計画法の計画手法の一つで、都市計画区域の中で比較的小規模の地区を対象に、建築形態、道路、公園等の公共施設等の配置から見て、その地区の特性に相応良好な環境の街区を整備し、保全をするために定められるものをいう。地区計画の制度は、その後、様々な変遷を経て、地区計画、再開発促進区、沿道地区計画、防災街区整備地区計画など、まちづくりの目的によって様々な種類が生まれた。

それでは策定する上で、まちづくりの目的、関係者の異なる私が関わった商業地域における地区計画、さらに住居系地区における地区計画の事例について書くことにする。

ここで、地区計画の事例を述べる前に台東区の地域特性を少し説明する。台東区は、上野公園のある上野大地から西に向けて不忍通りまで下がる上野桜木、谷中地区と言った住居系地域と東側は、隅田川に向かってほとんどフラットな商業系の地域に分類される。東側のフラットな商業地は、関東大震災、第二次世界大戦の戦災で被災した場所で、震災復興の区画整理が行われ、基盤が整備されている。

一方、谷中などの住居系地域は、震災も戦災にもあっていないため、歴史のある建物やまち割りが残っている反面、全般に都市基盤が脆弱で、西の端で文京地区に近い谷中３・４・５丁目は、密集市街地の課題を有している。

（2）商業地域における一般型の地区計画の事例（御徒町駅周辺地区計画）

御徒町駅周辺地区計画は、ＪＲ御徒町駅西側の地区の二つの大きな開発の検討を契機に、不足する駅前広場や歩行者空間を整備することを目的として1991年に策定された。20年以上計画は実現することがなかったが、地区内の老舗百貨店が、大規模商業施設の附置駐車場として整備していた３本の立体駐車場を自走式駐車場へ建て替える計画と百貨店を代表とする複数の地権者による個人施行の敷地整序型区画整理により敷地の統合と地区計画で定めた駅前広場を整備する計画が提案された。

行政側のメリットは、駅前の商業地の地価の高い場所での用地取得なしに駅前広場の実現が図れることであった。一方事業者側のメリットは、敷地整除型区画整理により、土地面積の減少がなく自社敷地が統合され、敷地の高度利用が可能になることだった。さらに広場周辺街区についても、道路斜線制限緩和、前面道路幅員の拡大による容積率の低減がなくなり指定容積いっぱいまで建物を建てることが出来るようになった。

地区計画区域に入っていないＪＲの高架下の店舗も周辺開発に合わせて、ＪＲにより様々な店舗を誘導して、秋葉原までの高架下と周辺地域が連携して広範な地域が歩行者の回遊に貢献していることは、当初予想していなかったことであり、地区の北側の大型物販店の建て替えに合わせて、さらに地区計画の変更を行って街区の北側に公共広場を作ったことも地域の回遊性の向上に寄与するばかりか、将来の地下鉄コンコースのエレベーターを出す余地を持たせることができた。

（3）住居系地域における街並み誘導地区計画の事例（谷中地区地区計画）

次の事例の谷中地区は、区内では少ない住居系の土地利用である。地域で先導的にまちづくり活動を進めていたＳ氏により、かつて地区を東西に横断する東京都道補助 178 号線沿いマンション建設が計画された時に、建設の反対運動を推進し、沿道に区内で初めての建築協定を締結したことや、街並み整備計画をたて電線地中化の街並み景観整備が実施されたが、近年は、区が主体的に進めているまちづくりは密集市街地整備が中心であった。

この事例は、こういった地域のまちづくり活動に熱心な区域に、都市計画道路の計画決定の取り消しに伴い、都市計画法 53 条の対象地域である沿道の指定が外れることを受けて町並み誘導型地区計画をかけるものであった。53 条地域の一部は既に建築協定が掛かっており、これをベースに地区計画を定めたが、地域の防災性を向上させるために主要防災街路は、道路用地を任意売買して整備を進めていたが、それに直行する２項道路の拡幅は、壁面後退により、既存の景観を損なうとの指摘を受けて壁面後退による道路斜線緩和を中止した。

さらに、もう一本の主要防災街路についてもお寺の山門などの工作物が壁面線に抵触するだけでなく、伝建築[1]の指定などにより古い町並みを残すべきとの話が出て、地区計画の検討と同時並行で、残さなければならない文化財級の建築物の調査やデザインのガイドラインの検討を進めることで、地域住民の理解を得ながら地区計画の合意形成を行った。

（4）地区計画を補完する規制・誘導手法（景観法・修景整備補助・建築協定）

これまで私が担当した地区計画の例を書いた。上野では景観のことはあまり問題にならなかったが、谷中では住居系の地域でもあり非常に重要な問題となった。景観については地区計画の中で定めることも可能であるが、防災上、建て替えの促進が望まれる地域ではあるので、建て替えサイドの過度な負担は避けるべきであると考えた。そのため、景観法の景観形成指針で景観審議の中で誘導しつつ、景観形成を行う手法をとった。

今後は、地域の建て替え状況、密集地域整備の進捗状況を見ながら、必要に応じて修景整備の補助金などのインセンティブを考える必要がある。（伴）

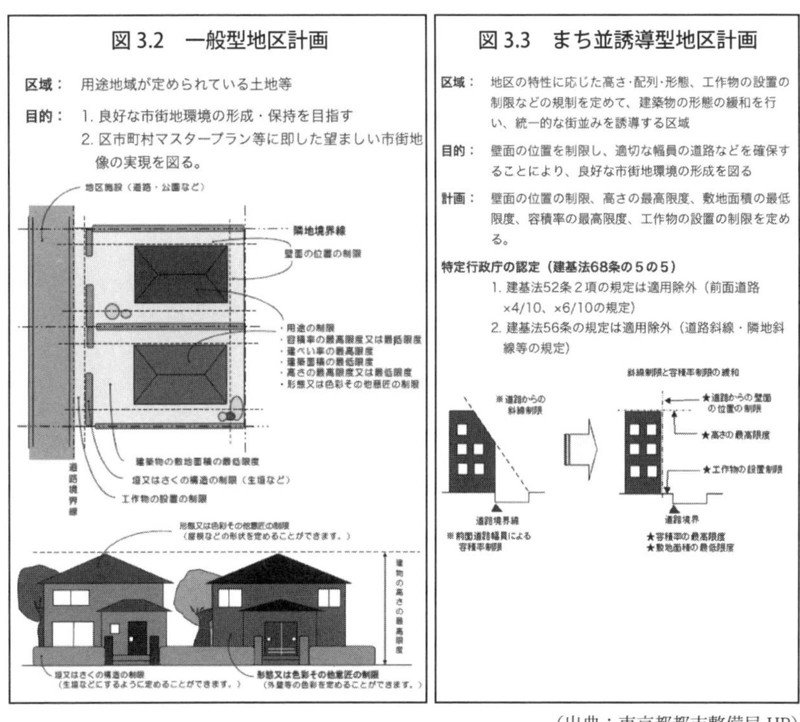

（出典：東京都都市整備局 HP）

1　伝統的建造物群保存地区の略称、全国各地に残る歴史的な城下町、宿場町、門前町、集落、町並みの保存を目的として、昭和 50 年の文化財保護法の改正によって制度が発足した。

3.3 「絶対高さ制限による高度地区」のパブリックコメントで指定内容を変更

（１）建築物の絶対高さ制限を定める高度地区の指定

パブリックコメントとは、自治体等で重要な政策等を決める前に、その内容を事前に公開し意見を求めるものである。提出された意見とその意見に対する検討結果を公表する手続きのことである。

墨田区では、2004年に街並みのスカイラインを整えるため、建築物の絶対高さの制限を定める高度地区を主要幹線道路沿道と、都市基盤が整備されている南部地域を中心に指定した。その後、マンション建設の増加や建築基準法の高さ制限の緩和により、北部地域では、比較的低層の建物が並んでいる街並みに、高さの突出した建築物が建設され、周辺の景観や住環境に大きな影響を与えている。この原因は、地形から見ると、国道６号線通称水戸街道と都道明治通り（環状５号線）がそれぞれ隅田川と荒川に沿って作られたため、既成市街地は未整備なまま東西・南北に街路が構成されているところに、幹線道路である国道、都道がその旧街区を斜めに切り取って整備されている。

これらの幹線道路両側の幅20 mに商業地域が指定されており、それに接する後背地は準工業地域の指定となっており、商業地域の大規模建築に当たって、その後背地の準工業地域に大きな影響を与えることとなり、幹線道路全体の街並み整備が必要となっている。

このため、良好な街並みの形成を目指すため、都市計画マスタープラン（2009年３月策定）では、市街地全体の建築物の高さの目安を示し、墨田区の歴史・文化を活かした景観や、東京スカイツリーからの眺望と東京スカイツリーへの眺望による新たな景観についての考え方を示した。この考え方を基本として、地域ごとに良好な街並みや住環境の整備を行う手法としては、地域の特性にきめ細かく対応できる「地区計画制度」の活用が適切だった。

しかし地区計画の制定には時間を要することから緊急な方策として、絶対高さ制限を定める高度地区を指定することとした。この指定のために、指定の基本的な方針となる「高度地区の変更に関する指定方針及び指定基準」を策定し、これに基づき地区計画において建物の高さの最高限度規定の無い区域や絶対高さの制限の指定のない地域に、建築物の絶対高さ制限を定める高度地区を指定した。

（2）住民への周知と理解

2010年8月1日に区の広報誌で特集を組み、区民にお知らせをした。これを皮切りに「高度地区変更素案」を区内5箇所で説明会を開催して周知している。

その説明会で出された意見は、主として「既存不適格に関する取扱いの修正を求める意見」であった。この意見は、今回の絶対高さ制限が適用される既存建築物のうち新たな制限高さを超えたものは、既存不適格建築物（違法建築であるが現状のまま使用することは許容される建築物のこと）となり、再建築する場合には新しく決められた制限高さに建物高さを引き下げる必要がある。

このことに関して多くの住民から出された意見は、「既存容積率を守って建築されているものが、新たに指定される絶対高さを超えて再建築する場合、現状と同じ高さで建築できないのはおかしい。」との意見が大半であった。

これまでの都市計画の変更など同様な説明会では、ほとんど意見が無かったのであるが、今回の区内５箇所で開かれた説明会では26件の意見が出された。
さらに「高度地区変更素案」に対する意見募集（パブリックコメント）を１か月の期間行ったところ、意見書が132件、意見者数が62件であった。

（３）パブリックコメントに対する対応

パブリックコメントの意見は、高度地区変更での既存不適格建築物に関する意見であり、現状の高さで建替えが出来ないのは反対であるという意見であった。
この意見を受け、内部検討を行い区の考え方をまとめ「素案に対する意見の概要と区の考え方」を公表した。その中で大きな変更を行った。その変更内容は、追加事項として「１回に限り現状高さでの建て替えを認める」という特例を入れることだった。これで多くの意見に沿ったものとなったのである。
高度地区の都市計画変更は規制を伴うことから、現在より厳しい規制となることを丁寧に説明し、この説明の際に何が最終の結果となるのか目的を明確にして説明するよう心掛けた。
まちづくりには、ある程度時間をかけて進めるものと、一定の時間を見ながら速やかに進めるものがある。今回の案件は、本来ならば速やかに進められるものであったが、１回の建て替えを認めると街並みの整備に倍以上の時間がかかることとなるわけである。しかし１回の建て替えを認めることにより、結果として高度地区が区内全域に指定されることになるわけである。このことは一部の既存不適格建築物を除き、建て替える建物に対して区内全域に高さ制限が拡大される方が、本来の目的が達成されることになる。
この一部修正は都市計画審議会や議会での説明でも理解を得ることが出来た。住民にとってマイナスになることを、はっきりと説明して意見を求めたことが、多数の反対の意見が提出されることとなり、結果として再建築を条件付きで認めることとなったのである。

私は、都市計画の決定は、議論が十分図られ、全体の意見がまとまるまで話し合うことが必要だと思う。今回の事例でも、既存不適格建築物の建て替えを巡って、なぜ現状高さでの建て替えを認めないのか、この点について認めた場合の街並み整備のデメリットなど丁寧な説明に時間をかけた。結果として条件付きで1回の建て替えを認めることになったが、高さ制限について多くの区民の理解を得られたのではないかと考える。

（4）指定基準

建築物の絶対高さを定める高度地区は、各地域の容積率に応じて指定している。歴史的景観を保全する地域や、幹線道路沿道のスカイラインを整える地域、幹線道路沿道の後背地の環境に配慮する地域については、地域の状況に応じた絶対高さを定める高度地区を指定している。

表 3.1　指定する高度地区と指定区域

指定容積率	一般の区域（右記の地域以外）	歴史的景観を保全する地域（向島百花園周辺）	街並みのスカイラインを整える地域※1（清澄通り）	後背地の環境に配慮する地域※2（明治通、水戸街道、丸八通）
200%	17m第3種高度地区または22m高度地区	17m第3種高度地区		
300%	17m第3種高度地区または22m高度地区	22m第3種高度地区		17m第3種高度地区
400%	17m第3種高度地区または22m高度地区		35m高度地区	
500%	35m高度地区			

※1 街並みのスカイラインを整える地域：幹線道路から、20 m以上30 m以内の、10 mの区域
※2 後背地の環境に配慮する地域：幹線道路（都市計画道路の場合は都市計画道路）から、30 m以上40 m以内の、10 mの区域

（河上）

3.4　浅草六区

―国家戦略特区の指定、道路占有基準の緩和―

（1）浅草六区の歴史

内外から多くの来街者が訪れる浅草寺の西側の地域の一角を浅草六区と呼んでいる。この場所は、江戸時代以来、歓楽街として栄えていた。明治時代に、廃仏毀釈により浅草寺の土地が公収され、今から150年前の1884年に始まった浅草公園の整備計画により公園六区と呼ばれる様になった。

六区は、浅草寺の火除け地として、その一部を掘削して池として、浅草寺裏手の見せ物小屋を移転させ、浅草公園地第六区となった。その後、常盤座をはじめとして、演劇、オペラなどの興行場が次々に開設され、芸能の一大拠点となった。昭和に入っても、浅草寺一帯の興行街としてのステータスは、変わらなかった。浅草寺は、東京大空襲で消失した本堂の再建資金調達のために地区内の瓢箪池を埋めて、宅地化して売却した。

その後、東宝系の娯楽の複合施設「新世界」が建てられ、次々に東映他の映画会社が映画館を開設し、1960年代の高度成長期まで映画を中心として変化していった。60年代のテレビ時代に突入すると、渋谷、新宿、池袋といった歓楽街にお客が流れ、浅草六区の没落が始まった。しかし、1974年に地域の活性化を目的にＪＲＡの馬券売り場を新世界の跡地に誘致したが、レースのある日は人が集まるが、そうでない日は閑古鳥が鳴いていた。

（2）興業街の賑わいをもう一度

地域の方々も、手をこまねいてこの凋落を見ていたわけではない。地元で、洋食店を営むK氏を会長に、ラーメン屋を営むM氏を事務局長に観光、商業、町会団体で浅草観光まちづくり協議会を立ち上げ、地域の活性化のために、伝法院通りの修景整備など様々なプロジェクトを進めていた。丁度、対岸の押上にスカイツリー建設が決まり、六区内の建築物の老朽化により複数の開発計画が動き始め、凋落する六区をこの機会に何とかしたいとの地元の意向で、興業街の再生のため、六区がもっとも栄えた大正初期のアールデコ様式での町並みを整備し、六区の賑わいを取り戻そうという地区計画の策定要望が出された。

このまちづくり協議会には、区から建築の専門家S氏をまちづくり相談員として長年派遣していたため、提案は具体的で1995年に導入された、建物の高さの最高限度と壁面線の位置を設けることにより道路斜線を緩和して指定容積いっぱいまでの建築を可能にした街並み誘導型地区計画であった。六区の中央を南北に貫く六区ブロードウエーには、当初、昭和30年代に壁面の後退線が入っており、見かけ上は、広い骨格道路があったが、街並み誘導型の地区計画は、地区計画策定後の建築で、道路斜線緩和と修景整備でさらに良好な街並みが整う期待があった。

当初は、デザイン自体を地区計画の決定事項とするように調整したが、アールデコ様式が日本で盛んだったのは大正時代の10年程度で、事例も限られており、厳格なデザインガイドラインを策定することは困難であった。さらに、地区計画策定後に事業着手を予定していた事業者との協議から、アールデコのイメージで設計すると建設コストが2割ほどアップして、事業性が悪くなるとの指摘があった。さらに、地元や議会からも映画館、ボーリング場等の誘致要望もあり、興業主とも協議したが、時代の流れの変化には勝てず、地区計画の誘導のための建築制限条例の中では、興行場類似用途を定義し実情に合わせた。さらに策定途上で、風俗営業の規制や当時、誘致の話がわいていたボートや自転車の発券場所の設置の禁止についても地区計画の用途制限の中で検討したが、競馬を許容して他のギャンブルを禁止する合理的な理由ができず制限をあきらめた。

さらに一時は、区としては、修景整備の補助金の導入も検討したが、区幹部職員から「法的な制限の中で誘導しろ」との指示で、デザインのガイドラインを地区計画外で緩やかな誘導指針に整えると同時に一定規模以上の建物に関する景観法に基づく景観計画の景観形成指針を整合させた。建設予定者は景観の専門家との協議をしながら事業を進めてもらった。

地区計画の策定中は、事業者のコンセプトと建築基準法の用途の解釈で基準との整合で事業者との協議に若干手間を要した。また、最終的には、主要道路以外の壁面後退の後退量もできるだけ少なくしつつ、大規模の敷地には、公共空間として広場を作る誘導を行い、この広場をにぎわいの核とすることにした。

（3）国家戦略特区によるエリアマネージメントの導入

地区計画の策定時には、前述の通り高幅員の六区ブロードウェイという街路があるものの、壁面後退空間は、放置自転車で溢れ、競馬帰りのお客が捨てたゴミで溢れ、興行街に馴染みつけられたブロードウェイという愛称とは全く違っていた。浅草は、三社祭、サンバカーニバルなど道路を使ったイベントも多い反面、道路上を不法に占有する屋台などがあった。地区計画策定後の建築が始まり、この空間を単なる空間ではなく、地域の活性化のために活かそうと言う意見が、まちづくり協議会から出された。

当時、六区区域の道路は歩行者を優先するため車両の通行制限がかけられていたが、地区内の建設に合わせて大規模な建築物については、附置義務駐車場への導入路の整理をし、小規模なものについては隔地駐車場の受け入れ先を整理し、街区の中を歩行者が回遊しやすい状況を作った。さらに、駐輪場についても、なるべく地表面から入れ易い構造として、それぞれ誘導員等を置く事業者合意をとった。そんなおり、国家戦略特区の認定を受ければ規制緩和により、道路上でイベントを行うことや物販を出来ることがわかり、認定に向けて 2016 年 4 月より社会実験を行うことになった。

実験は、所轄警察や警視庁、道路管理者の区と協議を続けながら、実際の運用により悪い影響が出ないかをていねいに確認していった。とりわけ、自転車については街区で厳しい取り締まりをすると隣接街区に自転車を放置する状況が確認され、協議会や商店街のメンバーを中心にきめ細か対応をしていただき、状況が徐々に改善され、2019 年 9 月には、国家戦略特区の指定が行われ、地区計画による地区内の建物更新と、特区によるエリアマネージメントにより新たな賑わいを生むことができた。（伴）

写真 3.1　キッチンカー

写真 3.2　大道芸

写真 3.3　地域プロモーションイベント

写真 3.4　オープンカフェ

3.5　品川区の条例を活用した地域活動を活性化するための仕組み

私たちの国において地域コミュニティに大きな役割を果たしてきた町会・自治会は、そもそも地域を基盤にその地域に住んでいる住民の地縁という絆で結ばれた住民の共同体である。近年、都市部においては、新たに建設されたマンションが町会に加入しないなど、地域とマンションとのコミュニティ形成が十分に図られていないことが地域社会において課題となっており、各自治体においてもその対応策を思案しているところである。

そうした中で品川区は2016年に23区では初めてとなる「品川区町会および自治会の活動活性化の推進に関する条例」を制定し、2017年には渋谷区においても同様の条例[1]が制定され、ルールという観点からアプローチする自治体が見受けられるようになってきた。

ここではそうした取り組みに着目し、今後の地域のコミュニティ形成のあるべき姿やそれを実現するための仕組み等の可能性について探りたい。

（1）品川区における町会・自治会の活動と品川区の取り組み

1）町会・自治会の活動

町会・自治会は、地域の住民がそれぞれ生活を営む中で生まれた地域を代表する団体である。全国の各地域でも同様にその歴史は古く、地域コミュニ

1「渋谷区新たな地域活性化のための条例」2017年3月31日、条例第10号

ティの中心的な役割を担ってきた。最近では、品川区においてもマンションの新設に伴い、新たに品川に転居して来られる方々から、“町会・自治会では何をしているのか”との問い合わせが地域センターの窓口等でも増えてきているという。

町会・自治会は、安全で住みよいまちづくりに向けて、次のようにさまざまな活動を行っている。

①地域の安全を守るため、防犯・防火パトロールや防災訓練を行うほか、災害時に必要な器材を備える活動

②地域の環境を守るため、資源の回収（リサイクル活動）やまちの清掃活動

③地域の交流を図るため、親子で参加できる行事や区民まつり等の行事

④地域の子どもたちを見守るため、子どもの登下校を見守る83運動への協力や、子どもたちの健全な育成を図る「親子レクリエーション」などの活動

⑤高齢者を含めた地域の皆様が安心して暮らせるため、地域の支えあいによる「ふれあいサポート」への協力や災害時に一人で避難できない方々を避難所にお連れするなどの活動

⑥広く社会に貢献するため、日赤募金や共同募金などの社会福祉活動

⑦地域へいち早く情報を伝えるため、区や町会の掲示板や回覧板によって、必要な情報を町会・自治会を通じて地域の方々への必要な情報を提供する活動

また、品川区では住まれている方々（特に新築マンション等での転入者）が町会・自治会に積極的に参加し、より地域のことを知ってもらうための手段として、ガイドブックを作成するなど町会・自治会への入会を積極的に勧めている。

2）品川区の取り組み

当時、品川区には203の町会・自治会が存在しており、地域社会の発展に重要な役割を果たしているにもかかわらず、未だ町会・自治会に関する法的な位置づけは明確となっていない状況にあった。そこで品川区では、2014年度に「町会・自治会のあり方と区との協働に関する調査研究委員会」を立ち上げ、地域代表委員（5名の町会長）の参加のもと検討を進めた。

２年間の調査研究から、町会・自治会が地域住民同士の親睦やつながりを深め、安全で住みやすい地域づくりのために日々地道な活動を続けていることを再認識する一方で、担い手不足や役員の負担感の増加、新たな住民に町会・自治会の活動が知られていないことなど、様々な課題を抱えていることが明らかになった。

3）ヒアリング調査の実施

条例制定後、その実態を知るため、品川区担当者と条例策定時学識経験者[2]に当時の状況についてうかがったが。その結果、次の点について聞くことができた。

①協働について

市民協働という観点では、品川区の制度として「協働事業提案制度」と「区民活動助成制度」があるが、町会・自治会としての参加が少ない現状にある。区としては参加の数を何とか増やしていきたいと考えている（**図3.4**）。

②町会・自治会について

区としては助成補助を行い加入促進を図っていて、2016年度においては

2　品川区「町会・自治会のあり方と区との協働に関する調査研究委員会」（名和田是彦委員長）

予算として1町会あたり5万円で50件分を組んでいたが、実績は10件ほどであった。また、新規事業応援補助として2016年度においては、予算として1町会あたり10万円で40件分を組んでいたが、実績は27件であり、その大部分がバスハイクに使用されていた。2017年度は1町会あたり10万円で50件分（10件増）を組んでいる。

③マンションについて

区としても集合住宅の自治会加入を大きな課題として受け止めている。自治会ではガイドブックを作成し、転居者等に自治会の活動について案内している。

図3.4　協働に関する5つの支援と地域振興基金の活用

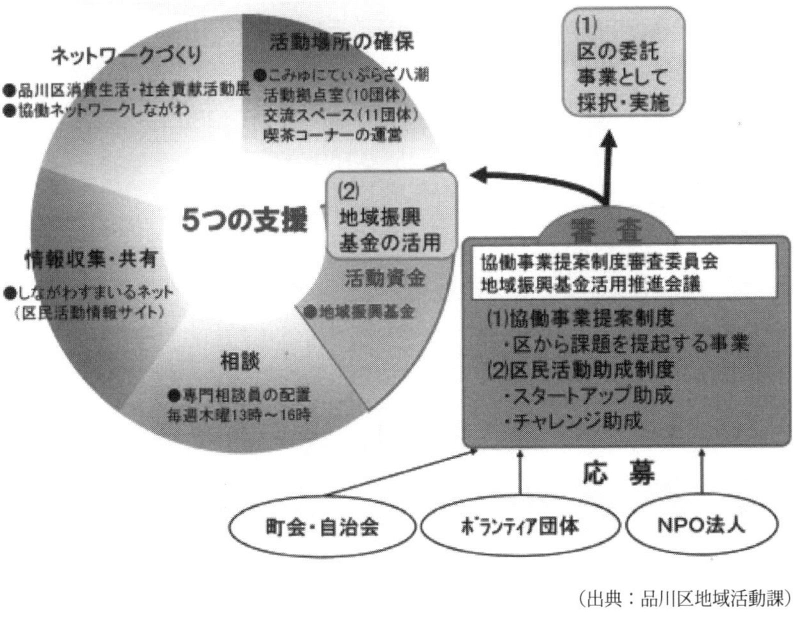

（出典：品川区地域活動課）

（2）「品川区町会および自治会の活性化の推進に関する条例」のポイント

この条例は、地域コミュニティの核として活躍している町会や自治会の活動活性化を推進するためのもので、町会や自治会を中心に区と区民、事業者がそれぞれの役割を果たすことで地域のつながりを強め、共助の精神に支えられた地域社会の実現をめざしている。

ポイントは次の３点である。

1）地域コミュニティの維持と形成に重要な役割を果たしてきた町会・自治会の位置付けを明らかにすること

⇒　第４条において「町会および自治会の役割」として、町会および自治会が、地域コミュニティの核として、地域住民同士の親睦やつながりを深めるための活動をはじめ、地域で起きる多種多様な課題を解決するための活動を続けている自主的団体であるとしている。

2）区の責務を定めるとともに、区民・事業者に対して、町会・自治会の活動への参加協力を求めること

⇒　第５条で、「区の責務」として、区長が町会・自治会と協働し、地域活性化に資する施策を総合的に策定・実施することや区民の参加促進のための支援、町会・自治会の連携のための支援について定め、第６条・第７条それぞれにおいて「区民の役割」と「事業者の役割」を定めている。

3　マンション居住者と地域住民との交流を促進するために必要な事項等について、町会・自治会との連絡・調整を行う者。

3）町会・自治会への加入と活動への参加を促進するためのしくみをつくること

⇒　第10条では、地域コミュニティの活性化の推進に関する理解を深めるための広報活動、啓蒙活動のための支援、町会・自治会への加入促進のための支援についてうたわれ、第11条で事業者の住宅購入、賃借者に対する町会・自治会の活動に関する情報の提供努力、第12条でマンション管理者等へ町会・自治会活動への協力努力、第13条で地域連絡協力員[3]の選任、といった仕組みを定めている。

ここでは、地域活動を活性化するための仕組みとして、地域とマンションとのコミュニティ形成を図ることにも結びつく一つの手段としての「品川区町会および自治会の活動活性化の推進に関する条例」を取り上げ、その実態について探ったが、制定して間もない中、今の時点で次のようなことがわかった。

①地域を活性化するための仕組みの一つの手段として条例があるが、まだその運営や実態（効果等）については時間をかけて検証・評価しなければならない点が多くあること

②所管する部署への聞き取りを通して、条例の意味・意義についての反応が薄かったことからわかるように、行政として仕組みの活用や展開の方法を探る必要性があること

品川区については、条例を制定したことへの取り組みは評価できるが、運用・活用・展開の可能性には課題が残る。

（上山）

〈参考・引用文献〉

上山肇（2011）「まちづくりの理論と実践」法政大学博士学位論文

上山肇（2017）「地域活動を活性化するための仕組みに関する考察―品川区の条例を事例として」2017年日本計画行政学会大会

小林重敬編著（2000）『地方分権時代のまちづくり条例』学芸出版社

品川区（2016）『しながわ（町会・自治会特集号）』

品川区企画部企画調整課（2016）「平成27年度 町会・自治会のあり方と区との協働に関する調査研究報告書」

墨田区都市計画課（2010年3月31日）高度地区指定の基本的な考え方

墨田区都市計画課（2010年3月31日）指定する高度地区と指定基準

第4章

まちづくりのプロセスと連携

ポイント

ポイント1：適正なプロセス（過程）とは

ポイント2：適正なプロセス（過程）を経ることにより良い“まち”が実現する

ポイント3：これからの“まちづくり”は“連携”が決め手

4.1　まちづくりにおけるプロセスの重要性と連携することの必要性

具体的なまちづくりを実践していく上で、まちづくりではその進め方ともなる「プロセス（過程）」が大切な要素となる。特に第５章でも触れる市民参加や市民との合意形成をいかに図るのか（図れるのか）といったことが大きなポイントとなる。まちづくりにおいて最近特に注目されているのが、産官学や自治体間といった「連携」といったことである。本章では現在取り組んでいる連携（産学官等）についても 4.3 ～ 4.5 で取り上げ紹介する。

（1）段階的に進める“まちづくり”

先に述べたように本書のテーマである地区まちづくりの「まちづくり」という言葉は、建築や都市計画の分野に限らず教育や福祉など、私たちの生活全般に対する活動を包括する概念として使われている。ここでは、ハード面は元より身近な住環境を住民や行政が協働でつくっていくことを「地区まちづくり」と呼ぶ。以下では住民にとって最も身近な地区レベルの都市計画である地区計画制度を中心とした地域固有の計画とルールづくりのプロセスを４つの段階に分けて各段階での活動をみていくこととする。

1）まちづくりのきっかけ

まちづくりのきっかけは大きく分けて地元住民が積極的にまちづくりに取り組む場合と行政が住民に積極的に働きかける場合がある。前者は住民発意、後者は行政主導と呼ばれている。住民発意とは、その地区に住む住民のまちづくりに対する意識が高い場合、継続的なまちづくり活動を行っていることが多く、その活動母体を中心に地区計画等のルールの導入の検討を進めていく場合である。

例えば、建築協定によるまちづくりを行ってきた地区で協定に賛同しない住民が増えてくると、協定の期限が切れる際に更新できずルールが将来的に保証されなくなってしまう。そこで、法的拘束力を伴うことができる地区計画を活用することがある。地区計画では届出・勧告という運用を行うため法的な拘束力が発生し、地区全体を面的に指定するためにもれることがなく建築協定から地区計画へと移行する地区が多い。

一方、行政主導とは、道路等の基盤整備がなされておらず建物が密集しているため防災上危険であるとか、区画整理事業を行う地区でこれから建築する建物のコントロールをして景観面に配慮した魅力あるまちを創っていく等、何らかの政策誘導的な意図がある場合に行政から地元に入っていく場合である。

いずれの場合でも様々なきっかけをもとに、現在のまちにかけられている法規制プラスαの地区独自のルールづくりをすることでその地域や地区をよりよくしていこうと考えることが出発点となっている。

2）まちづくりの段階的な推進

私が職員時代に関わった江戸川区街づくり基本プラン（都市マスタープラン）策定時には、より住民に身近な地区レベルでのまちづくりを推進していくため、住民の主体的な地区まちづくりの進め方を「自分たちの街を見つめ直す」第１段階、「地区の問題点の共通認識づくり」の第２段階（以上「誘導段階」）、そして「地区の将来像の共通認識づくり」の第３段階、「街づくりの先導的となるものから実践」する第４段階（以上「推進段階」）の４つの段階に分け段階的に推進していくよう説明しており（**図4.1**）、実際には「まちづくり協議会」といった組織（仕組み）を活用しながら合意形成を図っている。

図4.1　まちづくりの段階的推進イメージ

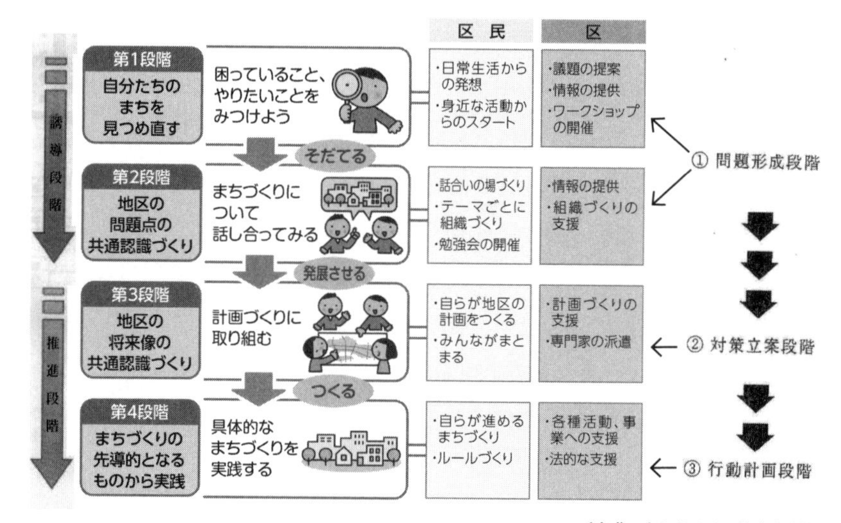

（出典：江戸川区、筆者加筆）

（2）具体的なアクション（行動）

1）「まち」を知る（様々な調査、組織づくり）

では、どのようにルールづくりを進めていくかであるが、行政主導の場合まず地区固有のルールをつくる必要性を住民が感じているかどうかを把握する必要がある。

住民と一口でいっても、そこに暮らす人もいればそこで商売をしたり会社を経営する事業者もいる。また、地区計画の場合は地区内の土地や建物に新たな制限がかかるため、そこに住んでいないが土地や建物を所有する人にもルールづくりに参加してもらう必要がある。いずれにしても一定のルールをつくり、それを守ってもらうためには地区住民の合意が前提となっている。

①まちについて知る

ルールづくりの第一歩として、自分たちのまちにはどのような特徴や問題点があるのか、どのような土地、建物利用に関する規制があるのかをa.現況調査b.都市計画についての把握c.住民意向調査などを通して理解する。また、まちに住む人々の意向を把握する作業を行うことも必要である。

②組織づくり

先に述べたように地区計画導入のきっかけは地区によって住民であったり、行政であったり様々であるが、地区まちづくりを進める主体は住民でありその方法としては住民で構成される組織において計画を検討していくことが望ましい。地区レベルのまちづくりを進める際に広く取り入れられている住民組織として協議会方式がある。まちづくり協議会とは、まちづくりに興味や思いのある住民が集まって、そのまちをより安全で魅力あるものとするために議論し、まちづくりの提案や実践を行う集まりである。地域や地区のルールづくりの際も住民が集まり、議論する場をつくるところからスタートすると考えてよい。

2）まちづくり計画をつくる（将来像、方針、整備計画）

①まちの将来像を描く

地区固有のルールをつくる場合、将来どのようなまちにしていきたいのか、そのために何を大切にし、何を守り育てていきたいか、ということをイメージすることが大切である。まちの将来像はこれからのまちづくりの骨格となる考え方を示すもので、住民が共有できるようなわかりやすい言葉や図で表現する。

②まちづくりの方針づくり

次に将来イメージを実現していくために、個々の建物が並んだ際の街区や通りの空間像を明らかにし、具体的にどのような取り組みを行っていけばよいかその方針を示すこととなる。一般的には土地利用、建物、道路、緑など分野別に分けて考えることが多い。

③まちづくりの計画づくり

まちの将来像や方針で示されている空間像を具体的な内容で示される整備計画によって建築一つひとつを誘導していくことにより、ハードとして目に見える形でまちづくりが進んでいくこととなる。地区計画の「地区整備計画」を定めることで開発行為、建築行為にあたり法的拘束力をもつ計画にもなる。また、地区整備計画で定められた建築物等に関する事項のうち、特に重要なものについては建築条例で制限事項を定めることで建築確認の審査事項となり、より法的拘束力をもつものとして計画の実現を図っていくことができる。また、他の都市計画制度との連携も考えられ、地区の課題をどのような法制度を使って解いていくかについては、地域・地区の特徴に基づいて、より効果的な組み合わせを考える必要がある。

（３）“連携”により幅が広がるまちづくり

まちづくりにおいて最近、“連携”という言葉を耳にすることが多くなった。（１）で既に述べたように、まちづくりのきっかけは住民発意あるいは行政主導によることが多いが、まちづくりの展開を考えるときに、市民や行政だけではなく、まちづくりを考える（検討する）場あるいは実践する場に専門家や地域の企業・団体が加わること（連携）により、あるいは自治体間や産官学間の連携により実効性や実現性の面でまちづくりの幅が広がる。具体例についてはこの後の 4.3 〜 4.5 で取り上げ紹介する。（上山）

4.2　メディアとどう付き合うか

―丁寧な説明を繰り返そう―

まちづくりに対するメディアの取り上げ方は、話題性や事件性などさまざまな要素によって変化する。こと事件性があるものは取り上げ方も大きく、メディアの取材も決して筆者らまちづくり職員に好意的でない場合もある。その事例を紹介したい。

（1）一方的な取材

テレビ局にかぎらずメディアの取材は一方的になることがままある。現場の責任者が説明している画面で音声だけを消して、批判的なテロップを流されたこともあった。報道内容については取材される側からは何も言えないことであり、誤解を招くような言葉や雰囲気をつくるのは極力避けることが欠かせない。場合によっては、事案の内容を非公開にすることも必要である。

また、たとえば会議の取材などは、前撮りのみ許可して、会議中は非公開とする方法もある。原則情報公開を前提として、個人情報や行政情報で非公開とするべき範囲をあらかじめ検討しておくことも必要である。

まちづくりは特に話題になりやすく、メディアの取材が入ることも多い。とくにカメラ取材にはプライバシーに関する事柄もあり、慎重に対応することを心掛けることが必要である。

（2）丁寧な説明を繰り返す

私が、土木の部長を担当したとき、六価クロム[1]の土壌汚染でテレビ取材を受けた。

これは、子供たちの使用している少年野球場の地中部分を荒川スーパー堤防事業[2]を検討するために、道路や公園の地盤調査を行ったところ、地上に近い部分から六価クロムが発見され判明したものである。以前に東京都の行った土盛りによる六価クロムの封じ込めが不十分であったことが原因であった。そのため、有毒な六価クロムが空中に飛散し、野球をしている子供たちを汚染しているのではないかと大きな問題となった。そのことをマスコミが連日テレビ放送で取り上げる事態となったわけである。

当時は朝からテレビのワイドショーとして、1局が日に3回、放映していた。取材を受けるのは公園担当課長なので、彼と相談のうえ、対応方法を決めた。私は、これまでの取材対応の経験から、担当課長と想定質問をつくるとともに窓口を一本化した。すべての取材について必ず同じ内容で回答することとしたものの、実際にこれを行うことは大変難しいことに気が付いた。

1　**六価クロム**とは、メッキや皮なめしなどで発生する鉱さいに含まれている汚染物質で、1973年に東京都が取得した江東区の用地で大量の鉱さいが埋もれていることがわかり大きな事件となった。この処理には飛散と地下水の汚染拡大の防止など大規模な封じ込めと長期間にわたる管理が必要である。

2　**スーパー堤防**（高規格堤防）とは、堤防が洪水により破壊されるのを防ぐために、堤防高さの30倍の距離まで土盛りをして堤防を守るものである。検討箇所の堤防高さは7mあり土盛り幅は210mとなる。実現にあたっては、土地区画整理事業で既存家屋を撤去し宅地造成で土盛りを行い再建築する必要がある。この土盛り期間が数年間必要であることと、区画整理事業による狭小宅地の土地の減歩が大きな障害となり事業化は進んでいない。

当時のワイドショー番組の制作が違う会社で行われていたので、当然１局で３つの違う質問が出され、テレビカメラの前で原稿を持たずにそれぞれの質問に答えるのは難しいことであった。

具体的に整理したものは、原因、責任の所在、六価クロムの飛散防止の当面の対策等であった。それらを基本として、担当課長は毎日同じような質問に繰り返し答えた。本人は、辛かったかも知れません。課長の話では、近所の人たちに会うと皆なから「毎日大変だね」と同情されたそうです。以上の対応が効果を発揮し、マスコミの取材の嵐も徐々に収束していった。頑張ってくれた担当課長には敬意を表したい。

最近の気候温暖化による集中豪雨により、河川氾濫が起きている。スーパー堤防とは、河川氾濫を防ぐのではなく、溢水していく水によって堤防が破壊されることを防ぐ役割が大きい。一時的に河川の水が堤防を越えても、堤防が決壊しなければ、流れ込む水量は限られてくる。そのため堤防を強化して緩やかなのり面を作る必要があるのである。最近隅田川や多摩川などで、建物を河川沿いに建設する際にスーパー堤防と一体化して整備する手法が取られている。少しづつでも堤防の強化が進むことを願っている。

（河上）

4.3　墨田区と台東区との連携

（1）墨田区と台東区を結ぶ橋（架け橋）

東京23区は、戦前の東京市の区として定められ、1899年（明治22年）15区から1932年（昭和7年）に20区増え35区となった。戦後1947年（昭和22年）地方自治法が制定され「特別区」となった。墨田区と台東区は、隅田川を挟み両岸に位置している。両区の間を流れる隅田川の約4キロに8か所の橋梁がかかっており、両区の交流は密接である。これら橋梁の中で江戸時代に掛けられた両国橋は有名でその歴史は古く、明暦の大火1657年（明暦3年）の直後に掛けられ、武蔵国と下総国をつなぐことから両国橋と名付けられた橋である。

隅田川に掛けられた8橋の内、その中で両区が共同で掛けた「桜橋」という橋を皆さんご存じですか。この橋は1977年に台東区と墨田区で姉妹区協定が結ばれ、姉妹区記念事業として1980年に上流の白髭橋と下流の言問橋の間で創架が始まり、1985年に完成した当時隅田川唯一の歩行者専用橋で橋長169.45 mである。

形状は平面が×字型となっており、特異な形状となっている。隅田川両岸の隅田公園を結んでおり、隅田川花火ではコンクール審査会場となっている。また桜の時期には多くの人が両岸の桜を見るために訪れる場所でもある。

このような歩行者専用橋は、もう1橋1昨年に吾嬬橋と言問橋の間に掛かる、東武鉄道隅田川橋梁に歩行者専用橋が併設された。この橋は、浅草とスカイツリーを最短で結ぶルートとして多くの人に利用されている。ただ橋の管理は東武鉄道が行っているので、朝 7 時から夜 10 時まで通行できる。これで（歩行者専用橋は、2 橋となり両区の往来も活発となり、多くの人に利用されている。

この橋が架けられた地域は、墨田区にとっては北部地域の木造密集地区であり、大地震時に木造密集地区での市街地大火が発生した時は、住民の避難に大きく貢献することになる。

桜橋がかけられた時期の 1980 年ごろは、白鬚防災拠点（高層住宅を連続させ西側の木密地域から避難地を延焼火災から守る防火建物）の整備や避難場所の指定など、大地震による市街地大火災に対する対応策として、木造密集地区のまちづくりに取り組みはじめた時期でもあった。隅田川両岸の墨田区や荒川区、足立区など木造密集地区のまちづくりへの取り組みが進められていた。この桜橋は観光のみならず、いざという時に避難橋となる歩行者専用橋の役割もあったのである。

総工費 28 億 3 千万円は両区で折半して 23 区の順番で上位区の台東区が工事を行っている。23 区の順番は、千代田区から江戸川区まで時計回りに順番が決まっている。

このころから、墨田区では「逃げないで済むまちづくり」をスローガンに、区内木造密集地区の火災災害の軽減を図るため、全国で初めて「不燃化助成事業」を開始している。これは、木造の建物を、非木造の建物に建替える住民に助成金を補助する「不燃化助成事業」を全国で初めて始めたものである。これは地域の不燃領域率が 70％を超えると、市街地大火を抑えられることから、北部地域の木造密集地域の不燃化を進め、火災に強い防災まちづくりを目的としている。

（2）東京スカイツリーをきっかけとする連携

姉妹区としてもう一つの事例としては、「東京スカイツリー」誘致に関する連携が挙げられる。

2003年12月、在京放送事業者６社（ＮＨＫおよび日本テレビ、ＴＢＳ、テレビ東京、テレビ朝日、フジテレビ）が600ｍ級の「新タワー（東京スカイツリー。以下新タワーという。）」を求めて「在京６社新タワー推進プロジェクト」を発足した。

これを受けさいたま新都心地区、台東区浅草地区等が建設候補地として名乗りを挙げた。2004年11月に墨田区が新タワーの誘致を表明し、翌年新タワー建設場所を選定する放送事業者が立ち上げた建築、都市防災、景観、電波等の専門家による「有識者検討委員会」は、押上業平橋地区とさいたま新都心地区を候補地として選定し、最終的に押上業平橋地区を候補地に決定した。

押上業平橋地区を選定するにあたって、検討委員会の選定理由として、観光客が年間3,000万人も訪れる浅草が近接していることにより、新タワーの集客力が高まることがあげられた。

この年、外国人来訪客数は600万人を超える程度で、2019年の3,000万人の１/5程度だった。建設を予定している新タワーの建設は放送局が行うのではなく、あくまでも放送各局は新タワーを借りてアンテナを置かせてもらっている。

新タワー会社は新タワーの建設費と維持費を負担するわけで、もし新タワー会社が倒産すると、新タワーを借りてアンテナを設置した放送事業者が困るわけである。このため新タワー会社はアンテナ使用料以外に、観光客の入場収入を得ることが必要である。東京タワーも非常時のバックアップを行うことになるが、放送局は日常電波塔としては使っていない。あくまでも観光客の収入でタワーを維持しているのである。

東京スカイツリーの建設候補地が押上・業平橋地区に決まった理由の半分は、台東区浅草に訪れる観光客に期待していると言える。まさに墨田区と台東区が連携して取り組んでいくことが必要であったと言えるのではないか。

（3）交通をきっかけとする両区の連携

次に隅田川、北十間川など水辺環境を生かせること、さらに押上が東武鉄道、東京メトロ半蔵門線、都営交通浅草線、成田と羽田を結ぶ京成電鉄と京急電鉄などが交差する、交通結節点の利便性などが高く評価された。

台東区と墨田区の姉妹区締結後30年近くを経て、新タワーをめぐり両区の新たな連携が作られた。特に「観光」については、墨田区は後進区であり、浅草を抱える台東区の先進区としての取り組みを学ぶことが必要であった。たとえば、台東区では区内交通不便地域の解消のために2001年に循環バス「めぐりん」の運行を開始している。

これを先進事例として、墨田区内の交通不便地域を解消するためと観光周遊の活性化のため、区内循環バスを導入し「すみまるくん・すみりんちゃん」の運行を2012年に開始している。東京スカイツリーを起点として、区内3路線が15分間隔で100円の運賃で運行されている。観光利用は元より、通勤・通学等幅広く利用されている。

当初、墨田区に台東区の「めぐりん」を引き込めないか検討したが、区内循環バスは総延長が長くなると、一方通行で循環しているので事業採算が難しいことになることがわかった。さらに営業認可を取る路線は、既存バス路線ではない所しか運行できない。このため表通りではないバスが通っていなかった道路を通るために、バス停の設置なども難しく採算性が低下する。このため利用客の増加を図るために３路線を決め、バス停名称にも近隣の名所、旧跡などを使って観光客にも親しめる工夫を行った。運航開始から10年を経過している。現在は台東区と共同事業として「台東・墨田東京下町周遊きっぷ」に東武鉄道、東武バスと連携して共同事業を進めている。

（河上）

写真 4.1　桜橋

台東区 HP より

4.4　公民連携は、まちづくりの大きなチャンス

（1）公民連携とは、なんだろう

役所に在職している時、大学の先輩である商工団体の幹部から「役所は、いろいろな計画に公民連携と書いてあるが、実施の側面で私たちの団体にお声がかかったことはない、どうなっているの。」とご指摘を受けた。

公民連携をネットで検索してみると、ある自治体のHPがヒットした。「公民連携とは、自治体と民間事業者等が連携して公共サービスの提供を行う仕組みであり、社会経済情勢の変化や住民の暮らし方の変化によるニーズの多様化に対応するために自治体が民間事業者の知識や技術、地域資源を活用し、公共サービスを継続的に実施していくための手法です。」[1]との記載が見つかった。

まちづくりにおける公民連携は行政にとっては、まちづくりの中で住民福祉の向上を目的として、公共サービスを提供する仕組みを考えることかもしれないが、民間企業にとっては、開発による企業利益の追求の見返りとして提供される公共貢献が、有機的で結びつき結果的に、居住者や事業者、来街者を含んだ広義の住民にとって好ましいまちを創ることが目的である。

ここでは、区は、計画はおろか予算も全くない中で公民連携により実現したまちづくりの事例として、まず上野のアメ横の耐震化をあげたい。

1　さいたま市HP「公民連携とは」より引用

（２）地域のためになると確信して主体的に取り組んだ、アメ横の耐震化

2012年春、ＪＲ東日本は、山手線を含む首都圏９路線の耐震化工事に520億円をかけて着手する発表をした。アメ横、神田、有楽町の煉瓦造りのアーチや、古い橋脚、石積み擁壁を５年の期間で補強する内容であった。当時、東急大井町線の大井町の高架下の整備で地元と鉄道会社が、揉めて騒ぎとなった事例も承知しており、困難さは承知していたが他人事だった。

ある日、副区長から自席に電話が鳴った、「今すぐ来てくれ。」慌てて副区長室に着くと、そこにアメ横商店連合会のＩ会長がいた。副区長からは、「アメ横の耐震化を一刻も早く進めるために、Ｉ会長を手伝ってくれ」との指示があった。具体的には、アメ横の耐震化についてＪＲと商店連合会として話すときに仲を取り持ってくれとのことだった。区としても、区の内外から多くの来街者の訪れるアメ横に耐震上の課題があると公表された以上、風評被害により来街者が減少する恐れがあるため、また耐震化の促進は地域の街づくりおいても重要なことなので、すぐに了解した。

アメ横は、戦後の闇市に端を発する上野から御徒町までの総延300m程の商店街であり、生鮮食料品、衣類、宝飾品、飲食店街で、年末ともなると人の往来も厳しいほど賑わっている場所である。

第一回の会議は、アメ横のガード下の商店連合会の会議室で開催された。ＪＲからは技術系の職員、不動産管理部門、地元対応の職員が、10人程、来ていて電車の音と振動がする狭い会議室は満杯になった。商店街からは、Ｉ会長を筆頭に10人ほどのお店の店主が来ていた。ＪＲの担当から、現状と補強工事を必要とする場所が提示され、補強工事の実施時に支障となる店舗を解体して、補強が終わったら再度、お店を再建築する進め方が説明された。

すると商店主側からは、さまざまな疑問、工事に対する不満とりわけ、休業期間と補償について、怒りが爆発した。区からは私と担当係長の二人で参加していたが、ＪＲと商店主との間での激しいやり取りが治まった後、「とにかく現状を調査するとともに、具体的な補強法の提案を受けどう進めるかを議論しましょう」というところまでなんとか説得した。

ＪＲの調査が進むと様々なことが分かった。高架橋自体は、100年ほど経過した躯体ではあるが、状態は非常に良いことが分かったが、それぞれの店舗の建物は建築基準法に則り建てられたものもあれば、床だけのもの、壁と天井だけのいわゆる戦後のバラックがそのまま残ったような違法なものまで様々であった。再建築で、適法状態にすることが当然に求められた。

さらに、ＪＲとの賃貸借契約も高架下の土地をＪＲから、借地しているもの、転貸借されているものなど様々で、契約の整理と、気が遠くなるほどの課題があった。

ＪＲからは、建物をＪＲで建てて各商店に床を賃貸する形に変えたいとの要望があったが、「アメ横らしさがなくなる」との発言を受け、個別の商店は、商店のオーナーが、建てることとになった。

しばらくしてまた、ＪＲからの要望で、再度、打ち合わせ会議を高架下の会議室で持つこととなった。一通りの説明が終わると、「休業補償は、どうなるんだ。」「客離れしたら、どうしてくれるんだ。」と、室内は騒然となり、ＪＲの担当者もどうして良いかわからず当惑していると、Ｉ会長の「アメ横のためにこの工事はどうしてもやらなければならないんだ！」という、決意をこめた東北訛りの発言でその場は収まった。

ＪＲには全体の工程を保持しつつ、商店街全体とブロック毎の補強工事の進め方の検討、仮店舗の確保、休業補償などの全体協議を進めてもらいながら、個別で、個々の商店の再築案、仮店舗の確保、個別店舗との協議を丁寧に進めることをお願いした。

写真 4.2　アメ横の耐震補強後

JR の調整協議は、一年くらいかかったと記憶している。アメ横の繁忙期を避けた工事が着工した。大変だったのは、ブロックごとの工程に合わせて個別の建物を建て替えるために、区の建築課に協力してもらい、どうすれば適法の建物になるかアドバイスをしてもらい建て替え計画を練っていった事だった。

実施段階では個々の商店を仮店舗に移転し、建物を解体し高架橋の耐震補強工事を行い、店舗の建物を再建築する一連の流れになる。高架橋の補強工事は、工事中の風評被害や年末のアメ横の賑わいに大きな影響もなく、ほぼ予定通りの５年で終了できたと記憶している。事業者、商店主、行政としても共通のメリットのある公民連携の例と言える。

（3）地域のためになると確信したが、受動的に取り組んだ公民連携

台東区と隅田川をはさんで東側にある墨田区とは、長く姉妹都市である。

そのことを記念して、1985年には、桜橋という人道橋を協働で架設している。（この話は、4.3　墨田区と台東区との連携で紹介している。）

2003年に押上にスカイツリーの建設が決まったとき、浅草との連携という条件がつけられた。そのため2019年に台東区は、墨田区と浅草地区まちづくり総合ビジョンを策定し、台東区として、雷門前の文化観光センターの建設、六区地区計画の策定、二天門船着場整備等を実施し、一定の効果を上げた。墨田区側でも、スカイツリーと付属する商業施設は、着実に来訪者を増やし、この勉強会の進捗と同時並行的に、墨田区と東武鉄道で、スカイツリーから墨田区とミズマチという、東武鉄道高架下の商業施設の整備、隣接する区道、区立隅田公園の整備、エリアマネジメントの検討が進んでいた。

一方浅草は、スカイツリーのついでに訪れる場所の性格を帯びて、浅草寺周辺への観光バスの集中による交通渋滞や地元の小学生がバスに巻き込まれるなど、問題が顕在化した。区の観光統計によると一人あたりの観光消費額、

写真 4.3　ミズマチ

写真 4.4　リバーウォーク

滞在時間が短くなる状況も指摘された。

そんなおり、東武鉄道から区長に対して、「浅草地区総合まちづくりビジョン」に記載されていたものの、動きのなかった東武浅草駅周辺の開発の検討会を提案され、台東区も東武鉄道と共同で事務局を担当し、東京都、他の鉄道事業者、ＵＲ等の勉強会を開始した。

東武鉄道から2020東京オリンピックの開催に向け、墨田区に整備中の東武鉄道高架下の商業施設（現在のミズマチ）との接続のために、既存の鉄道橋に歩行者専用橋を架設して、浅草と押上の新たな人の流れを作る計画が示され、台東区側の隅田公園に橋からのスロープを占有させてほしいとの要望があった。私はすぐにこの計画は、スカイツリー建設当時からの課題であった両区の回遊性の向上に資すると確信した。

区幹部に相談すると「この計画で地元がどう反応するかわからないので、慎重に進めろ」との指示を受けた。河川法、公園法の対応については東武鉄道が積極的に進めてくれた。構造的課題や景観規制の適合については、区からあらかじめ見解を表明した。地元調整も東武鉄道にお願いした地元の有力者の優先順位を示して説明してもらった。区の幹部は人道橋ができて、「浅草の来街者が、スカイツリーに取られたらどうするんだ。」と地元から言われた時の対応を心配していたようだった。

しかし、区の懸念とは裏腹に計画も地元調整もとんとん拍子に進み、計画から２年ほどで、整備することができた。東武鉄道の調査による人流データーも、東西の人流の偏在もなく、コロナ禍にもかかわらず予想以上の回遊が生まれた。このプロジェクトは、国土交通省の優れたかわまちづくり計画に対して与えられる、かわまち大賞を受賞したと聞いている。

都市づくり部が、議会の委員会の所属議員の一人に、「区も貢献しているのに何で、台東区の名前が出ないのか。」と問われて、答えに窮してしまった。

（4）公民連携は、まちづくりのチャンス

示した事例は、区の計画は何もないし予算についても前者は皆無、後者は、墨田公園内の階段、スロープの整備予算だけだったが、アメ横のケースと同様に事業主体だけが明確であった。行政としては関わるに当たって、地元の反対など、行政へのネガティブな影響は懸念事項であるし、庁内の合意形成も面倒なことには違いない。当時、確信はないもののこれらの整備を進めることは、まちに対して、ポジティブな効果があると信じて動いた。公民連携はまちづくりのチャンスなのだ。できない理由を並べて門前払いすることなく、実現するにはどうしたら良いか前向きに考えるべきだと思う。

（伴）

4.5　産学官連携による防災まちづくり
—情報伝達実証実験の取り組み—

地球温暖化に伴う影響もあり、近年、多発している自然災害などにより、まちづくりにおいても災害時の「情報提供」「情報共有」の重要性が取りざたされるようになってきた。ここではその点に着目し、防災と災害時対応の情報環境整備推進の観点から、実践的な面で自治体や企業等に協力を求めながら効果について検証するため、サイネージ付モバイルバッテリーチャージ機器（情報ステーション）を活用した実験的な試みを通して今後の情報伝達・共有の可能性について探っている。協力企業等には社会貢献の一環として参加を求め、設置者の負担をできるだけ少なくするためにも新たなビジネスモデルについても併せて検討している。

（１）実験の経緯

2022年９月から静岡市と浜松市において実証実験を開始したが、実証実験の経緯については次の通りである。

1）静岡市の場合

実証実験に参加した企業等は、静岡鉄道と静岡デザイン専門学校であるが、静岡市、法政大学、株式会社 HESTA 大倉（機器提供者）、設置者の産学官で協定を結んで実証実験が行われている。静岡鉄道では主要駅と駅周辺の静鉄関連ホテルに14台、静岡デザイン専門学校に５台、計19台設置している。

写真 4.5　新静岡駅に設置
しているスタンド
（24 口モデル、サイネージ 23.8 インチ）

画像 4.1　静岡市防災情報画面

画像 4.2　静岡市広報画面（広報しずおか）

現在、市の「社会の大きな力と知を活かした根拠と共感に基づく市政変革研究会」の DX 次世代防災分科会において今後の展開について検討が進められているところである。

サイネージでの配信画像（静止画・動画）については、静岡市の危機管理と広報部門の他、国土交通省水災害予報センターや静岡県の危機管理と広報部門、静岡県観光協会とも連携し情報を配信している。

これまでの実績として、情報配信回数は設置場所や画像内容によって違うが、多いもので「避難情報」に関する画像で約 48 万回配信することができている（集計期間：2022/8/24 ～ 2023/7/25）。

ビジネスモデルの基礎となる企業広告とバッテリー利用に関して、企業広告についは設置者枠の広告を除き今のところ実績がないが、バッテリー利用

（レンタル）回数については、少しずつではあるが利用者が増えてきている状況にある。

2）浜松市の場合

浜松市では現在、実験に参加した企業等は、静岡県セイブ自動車学校とダイワロイヤルホテル THE HAMANAKO であるが、浜松市、法政大学、株式会社 HESTA 大倉（機器提供者）、設置者の産学官で協定を結んでいる。

写真 4.6　静岡県セイブ自動車学校受付に設置しているスタンド

（8 口モデル、サイネージ 10.1 インチ）

画像 4.3　浜松市広報画面（動画）

画像 4.4　浜松市防災情報画面

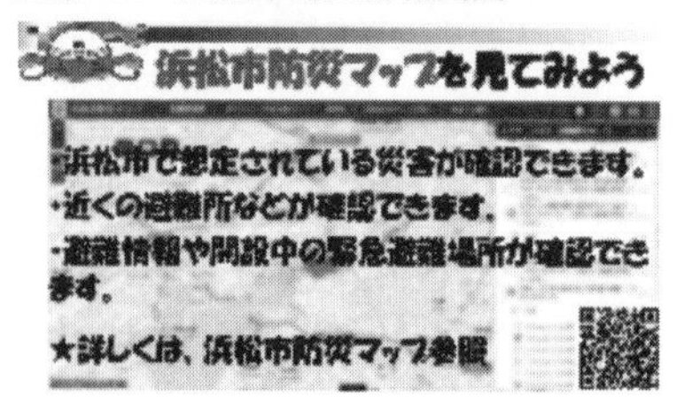

サイネージでの配信画像（静止画・動画）については、浜松市においても市の危機管理部門と広報部門の他、国土交通省水災害予報センターや静岡県の危機管理と広報部門、静岡県観光協会の情報とも連携して配信している。

これまでの実績として、情報配信回数については静岡市と同様、設置場所や画像内容によって異なるが多いもので広報による観光の画像（**動画・画像 4.3**）で約 32 万回配信することができている（集計期間：2022/8/24 ～ 2023/7/25）。

ビジネスモデルの基礎となる企業広告とバッテリー利用に関して、企業広告についは静岡県セイブ自動車学校において、設置者枠の他、当初 10 枠の企業広告を入れることができた。バッテリー利用（レンタル）回数については静岡市と同様に徐々に利用者が増えてきている状況にある。

（2）災害時に活かされた実証実験

実証実験の期間中、実際に下記の様に活かされた。

1）2022 年台風 15 号関連で配信した情報の内容

①静岡県からの依頼に基づく情報

静岡県の情報としては、実験開始当初から「静岡県防災」（**画像 4.5**）についての情報を流していたが、台風 15 号による災害直後、静岡県からの要請で「正しい情報発信・受信について」（**画像 4.6**）と「災害に遭った人向けに保険請求に役立つ家屋の被災状況の写真撮影や関係者への連絡を促す情報」を急きょ機器のサイネージで配信した。その際、機器提供者（株式会社 HESTA 大倉）の協力により実験か所以外も含め静岡県内に設置している約 100 台の機器でも配信することとした。

画像 4.5　実験当初から配信している「静岡県防災」

画像4.6　災害直後、静岡県から要請があった「正しい情報発信・受信について」

★正しい情報発信・受信について★

○ 情報を発信する方は、正確な情報に基づいて発信しましょう。

○ 情報を受信する方は、行政など信頼できる発信元の情報を確認するなど、その信頼性を確認しましょう。

また、受信した情報に、冷静に対応するとともに、
信頼性のない情報は気軽に拡散しないようにしましょう！！

②静岡市・浜松市に関する緊急情報

静岡市にも緊急で流す情報についてあればと確認したが、当初は要請がなかったため、大学側で「災害ボランティア」（**画像4.7**）と「仮設トイレ」について、静岡市ホームページから情報を収集して画像を作成しサイネージから配信した。仮設トイレに関する情報については静岡市の方で給水対応とともに対応がなされていたこともありすぐに削除し、災害ボランティア情報も間もなく削除している。浜松市からは「災害により被害を受けた人へ」（**画像4.8**）と「支援等対応窓口の対応について」の依頼がありサイネージに配信した。

画像4.7　災害ボランティアに関する情報
（研究室でHPより情報を得て作成）

災害ボランティア情報

災害ボランティアセンターを開設し、県内在住者を対象に災害ボランティアを募集しています。

静岡市 市民局 市民自治推進課
市民協働促進係
電話：054-221-1372

画像4.8　浜松市から要請があった情報配信画像

浜松市

災害により被害を受けた人へ

浜松市HPをご確認ください

2）2023年台風7号・13号対応に活かされた実証実験

①静岡市からの依頼に基づく情報

台風7号関連では静岡市からは、「台風接近に備えて」ということで8月10日時点で「大雨による災害への備え」「暴風による災害への備え」「高波・高潮による災害への備え」「最新の防災気象情報」（**画像4.9**）の配信依頼があり即座に配信した。9月8日にも台風13号に関する情報として同様のコンテンツを配信している。

②静岡鉄道の依頼に基づく情報

静岡鉄道からの依頼としては、台風7号では8月10日の時点で下記コンテンツ（**画像4.10**）を配信した。９月８日の台風13号においても同様のコンテンツを配信している。

画像4.9　台風に伴い急きょ配信した画像（「最新の防災気象情報」）

画像4.10　静岡鉄道で急きょ配信した画像（「静鉄電車をご利用のお客様へ重要なお知らせ」）

静鉄電車をご利用のお客様へ
重要なお知らせ

8月14日(月)～16日(水)は、静岡県に台風7号が接近することが予想されております。
大雨や暴風の状況によって、列車の遅延や、運休をする場合がございます。

お客様の安全を守るため、あらかじめご了承のほど何卒よろしくお願いいたします。

静岡鉄道株式会社

（３）実証実験から得られた知見と課題

このように現在実施している実証実験について、静岡市と浜松市について経緯と現在の状況について紹介したが、これまでにわかったこととしての次のことが挙げられる。

①設置場所・設置台数による効果

市民に平時から防災意識を根付かせるためには、広く市民に情報を伝達できるよう、幅広く市民の目にするところに情報を提供できる環境が存在しなければならない。そうした意味おいても両市共に現時点で設置台数が少なく、設置台数の拡大に関しては大きな課題と言わざるをえない。

②市民に伝わりやすい情報内容の精査・検討

市民にとって情報の見やすさや目の引きやすさといったコンテンツのあり方や市民が情報を理解することのできる時間（長さ）等、市民への情報の伝わりやすさを検討することが求められる。情報の種別としては、避難場所やハザードマップ等の常日頃市民が知っておかなければならない情報を主にしながら、自治体が発信する日常生活一般の情報や地域コミュニティに関する情報、イベント情報、多文化共生に関する情報といったものも考えられる。

③持続可能な仕組みの構築

①の設置場所や設置台数とも関係することだが、実証実験が終了した後も継続していけるような仕組みを構築することが求められる。そのためにもビジネスモデルとして成立できるかが鍵となるが、現在のところ浜松市の自動車学校で広告収入による仕組みが具体的に構築されようとしている以外にほとんど進んでいない状況にあり、引き続き展開の可能性を探る必要がある。

今回使用しているサイネージ付の機器は、私たちが日常活用しているスマートフォン等のバッテリー充電機能として災害時にも役割を果たすことが期待され、とりわけ防災や災害時に関する情報については、普段から繰り返し目にすることで自然と身につくものではないかと考える。そうした備えによって実際の災害時に大きな効果が期待できるものと考える。

（上山）

〈参考・引用文献〉

江戸川区（1999）『江戸川区街づくり基本プラン（都市マスタープラン）―暮らしやすいまち江戸川、活力あふれるまち江戸川―』

上山肇 他（1998）「都市マスタープラン策定に関する研究 その1～その3」『日本建築学会大会学術講演梗概集』363-368頁

上山肇（2011）「まちづくりの理論と実践」法政大学博士学位論文

上山肇（2022）「まちづくりにおける防災・災害時に有効に機能する情報環境整備の仕組みに関する研究―静岡市・浜松市における実証実験―」『地域活性学会第14回研究大会（横浜・三浦半島）発表予稿集』168-169頁

上山肇（2023）「SDGsにおける「親水」の役割に関する考察その2―防災・災害時対応の情報環境整備に関する実証実験―」『日本建築学会大会学術講演梗概集（近畿）』2117-2118頁

上山肇（2023）「静岡市・浜松市におけるサイネージを活用した情報伝達の実証実験に関する報告」『日本建築学会情報システム技術委員会第46回情報システム・利用・技術シンポジウム論文集』279-382頁

上山肇、加藤仁美、吹抜陽子、白木節子（2004）『実践・地区まちづくり』信山社サイテック

埼玉新聞（2023.3.28）「スマホ充電スタンド　公共施設設置で実験　戸田市・法政大・株大倉」

静岡新聞（2022.9.8）「モバイルバッテリー台活用 防災情報発信の実験開始 静鉄など」

墨田区ホームページ（2023年）台東、墨田東京下町周遊きっぷ

日本経済新聞 全国版（2022.12.17）『「充電難民」「情報弱者」を救え 災害情報の発信　静岡で産学官が実験 モバイル充電池のサイネージ活用　法政大の発案　一石二鳥狙う』

日本経済新聞 地方経済面中部（2022.8.10）「防災情報 充電スタンド発 広告配信も実験 静鉄や車教習所で スマホ向け、法大と静岡・浜松両市」

日本経済新聞 地方経済面中部（2022.9.30）「静岡県豪雨被害 県の情報発信に協力―法政大などフェイク防止」

台東区ホームページ（2023年）桜橋

第５章

“まちづくり”における意思疎通

（意思決定・合意形成）

ポイント

ポイント１：“まちづくり”に求められる市民との合意形成

ポイント２：計画やルールは誰がどのように決めるのか
（合意と意思決定）

ポイント３：“まちづくり”について話し合う“場（協議会、連絡会等）”
の活用が決め手

5.1 市民参加と意思決定の重要性（市民参加によるまちづくり）

ここでは都市計画における参加的決定について、「まちづくり」における市民参加（住民参加）の重要性について論じる。特にここでは法政策学的な視点も踏まえながら考察したい。

“まちづくり”といったときに単に都市計画とか地域計画といった計画論だけでは成立することはないということがわかってきた。その計画を実現するためには住民と行政間あるいは住民間におけるルールを基盤とした法政策学[1]の観点が求められる。

近年、全国各都道府県や市町村において、条例や要綱等により、自治体独自にまちづくりについての仕組みをつくろうとする社会的な動きが活発化している。特に1992年6月の都市計画法の改正により「市町村の都市計画に関する基本的な方針」（都市マスタープラン）の策定が義務づけられ、まちづくりにおける「計画」から「実践」、そして、それを実現するための「手段」を検討するなど全国各市町村も行政として実効性のある方法を模索しているところである。

実際に、法令では対処不可能な各地域・地区における独自の課題に対する

---

1 **法政策学**とは平井宜雄氏によって「意思決定理論を『法』的に再構築し、これを現在のわが国の実定法体系に結びつけ、法制度またはルールの体系を設計することにより、現在の日本社会に直面する公共的ないし社会的問題をコントロールし、または解決するための諸方策について法的意思決定者に助言し、またはそれを提供する一般的な理論枠組みおよび技法である」と定義されている。

対応や、地域の特性に応じたまちづくりを進めようと、自治体独自に多様な規範を設けながら様々な条例を制定している。これらのまちづくりに関する条例に関しては、内容として土地利用系や環境系、景観系、地区まちづくり系等に類型化されている。

今後、更に政策的にも実効性のあるまちづくりを実現していくためには、まちづくりに関する条例の法的位置付けについて明確にしつつ、まちづくりの実効性を確保する必要があり、「正しい」または「望ましい」制度もしくは政策のあり方を判断しなければならない。ここではこのまちづくりという具体的な社会問題を対象として、法政策学の観点から法制度やルールのシステムを設計し、デザインすることによって、解決あるいはコントロールすることを最終的な目的としながら、特に都市計画における参加的決定について考察する。

(1) まちづくりでの住民・行政・事業者等の関係（一般的概念図化）

それでは、まちづくりの主体となりえる住民及び行政・事業者の関係は今までどのようになっており、今後どのようにあるべきなのだろうか。これらの法的問題点を解決する上でこれらの関係を一般的概念図化する。この一般的・理論的知識の重要性すなわち一般的概念図式の重要性が、法政策学においては特に強調されているが、これを「まちづくり」に当てはめると次のように言うことができる。

図 5.1　住民・事業者・行政の三者間関係

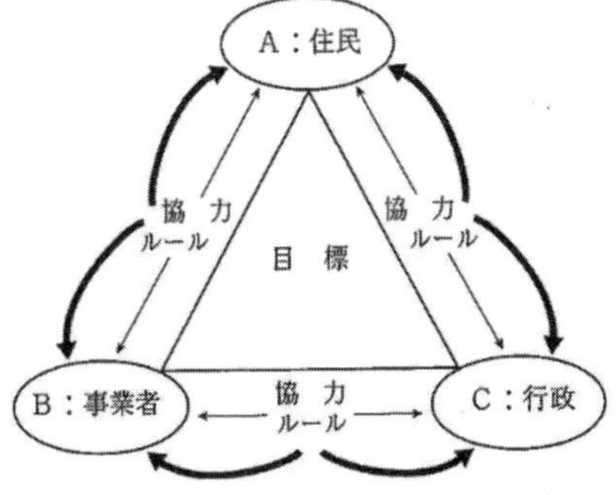

A：住民、B：事業者、C：行政（地

方自治体）とすると、今までの目標[2]に対するＡ・Ｂ・Ｃ間の関係が、Ａ＝Ｂ又はＡ＞Ｂという状況下においてＣ＞（Ａ＋Ｂ）という行政主動の形であったとするならば、これからはＣ＝Ａ or Ｃ＝Ｂという住民・事業者と行政とが対等の形が求められる（**図5.1**）。そういった状況下で新たに「参加」という相互間の意思疎通行為という要因が出現してくることが考えられる。

（２）住民自治と住民の義務

1）住民自治

地方自治の精神については、住民自らの手による住民のための自治が基本であると考えられ、基本となる住民自治の上で団体自治が生きてくるものと考えられる。

区市町村にも大小さまざまな規模があり、自治体の中には多くの地域コミュニティが存在する。住民が自ら決定する際には、住民に最も身近な地域コミュニティとの関わりも大きく影響する。

住民の側からすると、この地域コミュニティを通して自治体に住民の意見を反映するとともに、自治体の議会は、そうした意見を基礎として条例を制定することになる。そのことからも、住民の意思の反映や参加の仕方については重要なポイントとなる。

2）住民の義務

住民の義務については、自治法で役務の提供を受ける権利に続いて、その負担を分担する義務を負うということを規定している。ここでいう負担の分担とは、税や分担金、受益負担金などの公課を意味する。

2　ここでいう目標とは①計画を達成すること、②紛争を解決することを指す。

しかし、住民の義務は負担の分担に止まらず、日本国籍をもつ住民は選挙権と直接請求権を有し、こうした参政権は単に権利ということだけではなく、義務とは表裏の関係にあるものと考えることができる。

そして、個別法においては住民の責務を理念的に掲げるルールとしての「条例」があり、これについては住民自治の理念からすると、地域や地区の住民にも大きな責務があるものと考えられる。

（3）住民参加の今日的意義と基本的考え方

現代社会において、高度成長の過程で急速に発展した重化学工業と都市化の現象が、産業や都市、公害、過疎・過密など様々な矛盾を生んだのではないかと言われている。1960年代後半以降、住民参加によるまちづくり活動が日本の社会に登場しているが、1980年代になると、幅広い分野で多様な住民参加の活動が行われるようになった。

近年、市民のボランティア活動の意識が高まると、環境や福祉、健康等をテーマにしたまちづくりの様々な分野で市民活動が盛んになった。こうした活動は、市民の自己実現の機会となると同時に、高齢化や国際化等が進む日本の社会全体にとっても有益なものとなっている。

しかし、今までの住民参加は自治体があっての参加・参画という意味合いが強かったが、これからは、住民が主体となって住民自らが発想し、行動（活動）に移していくような時代にならなければならない。

その上で、こと「まちづくり」に関しては、住民が主体となりつつも、事業者を含め、協力し合いながら自治体も住民と同じ目線で共につくり上げていくという姿勢で臨まなければならない。

（４）住民参加の目的と効果

現代社会において住民参加は、次の６つの目的を持つと考えられ、その効果が期待されている。

①住民自治の実現（住民と行政の良好なパートナーシップの実現）

住民参加の推進により、住民と行政との協働によるまちづくりへの責任の共有と役割分担を意識することができる。住民が直接参加することで、住民や行政も、自治の主体として成長でき、人とまち、環境に関する諸課題を身近なものとして感じることにより、地域に愛着が生まれ、住民と行政による豊かで創造的なパートナーシップによる「住民自治」が実現できる。

②住民合意の形成（住民意見を多元的に反映）

人々の様々な生活感覚や、豊かな経験をもつ住民の幅広い参加により、まちづくりに住民の意見や思いを広く反映させることができる。また、複雑多様化する行政需要の優先順位及び利害調整が期待できる。

③行政の総合化と職員の意識改革

住民参加によって、縦割り行政を横につなぐパイプをつくることができる。また、職員の意識改革が促進される。

④住民間の交流（新たなコミュニティの形成）

参加住民同士の出会いと交流を通して、新たなコミュニティ形成が期待できる。

⑤多種多様な知恵の集積

住民参加によって、住民のもつ豊かな社会経験と創造的なエネルギーを結集することができる。さらに、住民・職員・専門家等の様々な知識・技術をもった人々が参加することにより、多種多様な知恵が集積される。

⑥人の顔が見える行政（信頼の構築）

住民参加により、職員から住民の顔が見え、住民から職員の顔が見える関係を築くことができる。その結果として、住民と職員との間に信頼関係が生まれ、住民と行政とが共通した認識・目標をもって協同作業をすることが可能となる。

（上山）

5.2 やることのリスクとやらないことのリスク

（1）区のメリットが、見つからない

JR 上野駅公園口を降りると右手に世界遺産である国立西洋美術館、左手に東京文化会館を眺めながら、上野動物園入口までを公園を東西に横断する快適な歩行者空間が広がっている。最新の JR の統計によると、公園口は、一日あたり、３万６千人の利用者がある。JR 上野駅公園口の整備に伴い、道路、公園を合わせて協調整備し、駅から公園に至る動線を優先して整備した成果である。

上野公園は、明治維新まで、全て寛永寺の境内地であったことを、みなさんは、ご存知だろうか。現在は、東京都が公園を所有・管理し、園内には、国や東京都、地元区が管理する、博物館、美術館、音楽ホール、動物園が点在し、公園を訪れる人はもとよりこれらの施設を訪問する人で常に賑わっている。

公園口の整備前の状況は、改札を出ると前面を横切る道路と歩行者用信号機があり、公園の施設で、大きなイベント開催時や桜の時期には、公園への訪問者が多く上野駅のコンコースまで人が溢れ、その上、公園の南北縦断道路も駐車場の入場待ちの車と通過する車で渋滞し、大きな混乱が生じていた。

これらの管理は、駅は JR 東日本、公園自体と横断歩道の右側は公園路として東京都、左側は区道として地元区が管理していることもあり、課題解決のため、JR 東日本、東京都とそして地元区がいかに取り組んだかを紹介する。

（2）施策を提案・実行するリスクとやらないことのリスク

東京都は、2007年5月に東京の顔となる文化・観光の拠点として、より魅力ある公園に再生させるためるために、上野公園グランドデザイン[1]を策定することになり、東京都東部公園事務所を事務局に、学識経験者、関係団体、東京都、周辺区が代表として検討委員会のメンバーとして参加した。

当区からK助役と作業部会にT都市づくり部長が参加し検討報告を取りまとめることになった。東京都が策定する計画で、公園の中を東京都が計画を建てて実施する分には、区がとやかく言う問題ではないが、公園の外部に関するプロジェクトについては、地元関係者にさまざまなハレーションが想定されることもあり、区としては慎重に対応していた。

とりわけ、上野公園口の整備は、このグランドデザイン実現のためのプロジェクトの一つであり、公園への歩行者動線が鉄道と並行する道路を分断することにより地元関係者の強い反対が出る可能性もあり、当時K助役は部長を通じて私に事務局に計画を取り下げるように調整するように指示された。さっそく、私は事務局の都の課長に申し入れたが、担当課長は公園口整備の意義を説明し、取り下げを頑として受け入れてくれず、K助役に報告した上で、区の上層部からの「計画に記載されても区としては協力できない」の意向を課長に伝えた。

しかしながら、東京都の課長も、同様に上層部から指示されているのか取

1　**上野公園グランドデザイン**
　東京都は、上野公園を東京の顔となる文化・観光の拠点として、より魅力ある公園に再生させるため、平成１９年５月に「上野公園グランドデザイン検討会」（委員長：進士五十八東京農業大学教授）を設置し、上野公園の将来像と10年後を見据えた具体的取組の方向性を検討した。東京建設局ホームページより引用。（https://www.kensetsu.metro.tokyo.lg.jp/jigyo/park/tokyo_kouen/grand_design/houkoku/ueno_houkoku.html）

り下げを認めてくれず、担当課長としては上司の指示通りの調整ができず、不満を残しながら上野公園グランドデザインは年度末には策定された。

（３）立場を超えて、まちづくりとして俯瞰的に考えることの重要性

東京都は、公園口整備計画をグランドデザインのプロジェクトに位置付けたこともあり、翌年度、本庁のＩ計画課長の提案で、東京都、JR、台東区の課長級の検討会を開始することになった。Ｉ課長は最初の検討会で「それぞれのお立場もあると思うが、妥協案を作るのではなく、俯瞰的に複数案を作成して、それぞれのメリット、デメリットを客観的に評価し計画案としましょう」との提案があり、三者は、Ｉ課長の提案通り進めることとした。

協議にあたり、区としては計画策定時のこともあり、主体的な発言は慎むようにした。最終的には歩行者動線を優先して、道路のアンダーパス化、道路を南北でロータリー化、歩行者動線をオーバーブリッジ化する３案をつくり、公園内の回遊性の増大効果とともに、それぞれの事業費や課題を確認した。検討を深度化することで地元関係者の反対も予測されたが、このプロジェクトの実現により、歩行者動線の安全化はもとより、公園内の回遊性の増大期待が芽生えてきた。しかしながら、どの案も東京都のメリットよりもＪＲの駅舎整備等の経費負担のデメリットが勝り、プロジェクトの早期着手には至らなかった。

（４）突然にプロジェクトを実行するチャンスが訪れた

その後チャンスは期せずして訪れた。上野公園内の西洋美術館が世界文化遺産登録されたことを契機に立ち上がった文化庁を事務局とした、園内の国立や公立施設、大学、関係者で立ち上げられた上野「文化の杜」新構想推進

会議[2]の整備構想のなかで、公園口の整備が取り上げられ、会議の場でJRが駅舎の整備を進めると発言をした。

それを受けて東京都による公園内の整備がとんとん拍子に決まり、区としても応分の役割を負って協力していく機運が醸成された。具体的には、数千万円になる擁壁と道路整備費の負担と過去に実施したバリアフリー補助金で整備した擁壁をいじる必要があり、場合によっては補助金返還となる可能性が指摘され役割分担が明確になった。

担当部長としては課長時代に東京都、ＪＲと都の検討会に関与したこともあり、当時、区の上層部が懸念した地元関係者の反対も予想されたが、公園口整備案は、駅から公園の動線改善はもとより公園内部の回遊性の向上につながる確信もあり、担当のＭ課長に関係者調整の深度化を指示した。

公園口整備のプロジェクトを実施するには、区としても意思決定する必要があり、私は担当課長と共に区長の政策決定のための政策会議に参加し、会議の場で案件の説明が終わると、区長は、「この事業の意義は何か。」と訪ねて来た。私はすかさず「歩行者導線の確保と、公園内回遊性の向上です。」と答えると、区長は「そうではない、東京都、ＪＲの事業に伴う、駅から公園に向かう歩行者の安全確保であり、区として東京都、ＪＲにお付き合いするのだ」と念を押された。その時、一瞬区長の発言の真意がわからなかったが、後から考えると、事業推進時に地元から反対を受けた時の地元区としてのスタンスを明確にするための発言と後に理解した。

2　**上野「文化の杜」新構想推進会議**
平成25年12月24日、青柳文化庁長官及び宮田東京藝術大学学長を発起人代表として発足。上野地区において年間3,000万人の集客を可能とするために必要なハード・ソフト両面にわたる整備方策について検討することを目的とする。（上野「文化の杜」新構想推進会議・設立趣意書より）上野公園内の文化施設、文教施設、行政機関、観光連盟、鉄道事業者により構成される。2020年に向けた国際発信戦略として、平成27年7月、上野「文化の杜」新構想をとりまとめた。（第１回　上野地区まちづくりビジョン検討委員会資料より引用、一部加筆）

（５）共同事業における地元区の役割

東京都とＪＲ、区の共同プロジェクトの実施にあたり、関係者協議は、それぞれが、必要な協議を進め情報を共有しながら、事業の着手に向け準備をした。区は、地元に精通しているが区長の懸念もあったので、慎重に地元対応を進める必要があった。担当のＭ課長には地元調整の際に、それぞれ事業主体として行うことを基本としながら、必要に応じて区としても関わるように指示をした。

担当課長は、地元議員や有力者、地元町会連合会、観光連盟、商店街、まちづくり団体との間で、地域の渋滞を生むのではないかと、若干の懸念の声もあったが、事前に調査した整備前後の渋滞シュミレーション等を丁寧に説明し順調に調整を進めていった。

しかし、しばらくすると公園から離れた東上野地域の町会から、公園口の北側にあるお寺の葬儀場に遠回りになるとの反対意見が出た。さらにお寺の関係者や有力者からも同様な意見が出始め、Ｍ担当課長の地元調整に赤信号がともってしまった。今後の対応をＭ課長と賛成派をどう増やすのか。反対派の理解を得るための地元周りを進めていると、外野から「ＪＲと東京都が、地元区の調整がうまくないので、事業が頓挫しそうだ」との声が聞こえてきた。

「共同事業者からも上手くいかないと責任の転嫁か」と内心不満をもちながら、ＪＲも東京都も地元調整のノウハウがないので、ここで区が踏ん張らないと事業全体が止まる懸念が出てきた。そこで私は、地元の有力者に個々面会して、事業の概要、必要性を丁寧に説明して賛成派を増やすことともに、整備により一時の不便さはあるが、整備することによる回遊性の向上等による地域へ効果を説明しご了解を得ていった。

このことにより事業は、再び軌道に乗り事業の完成を見た。この事業は、JR、東京都との共同事業であるが、地元調整いかんでは事業が空中分解することはたやすいことであるし、地域の関係者を熟知している区が積極的に汗をかくことの重要性を再認識した。事業が完了する時には、担当者間の関係も良好になった。ただひとつ残念だったのは、2020東京オリンピックで地元関係者が聖火ランナーとして公園口近傍を走る予定であったが、コロナの感染拡大で、聖火リレーが中止になったことである。

（伴）

写真 5.1　上野駅公園口（外観）

写真 5.2　上野駅公園口（内観）

5.3　ボタンの掛け違い
―シンボルロード実現に至る困難―

（１）上野と浅草を結ぶ、東京都道浅草通りの整備

上野駅を動物園のある公園側とは反対に東側へ出ると、ＪＲ線とほぼ直交する広い通りに出る。それが浅草通りである。浅草通りは歩道がゆったりとして（冬だったりすると）少しわかりにくいが、街路樹として百日紅（サルスベリ）が植えられ、夏には見事な赤い花が咲き誇る。

読者は、まちづくり事業における都道府県と区市町村の役割分担を実践的に整理されておいでだろうか。ここでは、東京都の道路整備事業の実施に地元で調整役として区が関わった事例として、浅草通りのシンボルロード整備事業[1]における経験をもとに、都区の関係[2]について、筆者なりにその一端を明らかにしたい。また、このシンボルロード整備事業については、区が汗を

1　**浅草通りのシンボルロード整備事業**
周辺のまちづくりに資する高規格の街路事業として、既存の道路のうち、都レベルでシンボルとなると見込めるものを選んで整備するもの。歩道部分の拡幅、街路灯、サインなどストリートファーニチャー、街路樹の整備等が盛り込まれる。事業主体は東京都である。

2　東京都の２３区は、地方自治法で特別区として位置づけられている基礎的自治体である。選挙によって選ばれた区長と区議会議員で構成される議会が、牽制しあって行政運営がなされている。
都道府県と市町村の関係と異なり、東京都と特別区の間で、行政の役割を分担し、財政調整制度により、財源となる地方税をそれぞれの役割に応じて再分配している。

かき、百日紅のシンボルロードが実現したが、地元の合意形成のために区が奔走するなかで、都区の連携とはいえ、なにより地元自治体である区のまちづくり職員が当事者として汗をかくことが大事であることを述べたいと思う。

（2）都区の連携で協議会がスタート

2007年、私がまちづくり推進課長として、初めてまちづくりの担当となったときの話である。

当時、東京都は上野を起点とし押上のスカイツリーを結ぶ幅員33mの浅草通り[3]をシンボルロード整備事業のひとつとして、1990年度に着工したが、経済状況の変化もありしばらく休眠状態が続いていた。

実際の担当である都の出先である建設事務所は、2000年度に事業を再スタートすべく地元の台東区に呼びかけた。これを受け区は、「基礎調査検討」を実施、翌年に際して検討組織を立ち上げ、2004年3月には基本構想を策定した。

以上のいきさつを経て、沿道町会長、商店街、商工団体、商店連合会などの関係団体により2006年5月には、懇談会を経て、「浅草通りシンボルロード整備協議会」が設立された。協議会は、改めて事業の内容を練り直すというのでなく、どちらかというと都の整備構想を周知・追認する場であった。事務局は、都区で分担することにした。

協議会の開会にあたっては、基本構想に基づき、整備内容の説明、歩道の拡幅、自転車道の設置、歩車道のバリアフリー化の基本方針と地元住民をはじめ都を代表するシンボルロードとして都民に親しまれるものとする趣旨が確認された。しかしながら、この会のメンバーとなっていた神仏具商専門店

3　**浅草通り**は、上野、浅草、スカイツリーのある押上を結ぶ幅３３ｍの都道であり、都内の代表的なシンボルロードのひとつである。

会の代表は何故か参加しなかった。

シンボルロード事業は、それにふさわしい景観を創出すると同時に、沿道周辺地域の活性化に資することをめざしていた。協議会は4回、地元説明会が2回開かれ、事業の内容を広く周知する場となった。しかし、協議会が始まって数か月後に神仏具商専門店会の代表Tさんからは文書で反対の意思表明がなされた。このように、事業には賛成する意見のある一方、現状を変えたくない、ないし、納得のいくものでなければならないなど、地元にも意見の相違があったのだ。

（3）「地元からの要望書」に強い反発が…ボタンの掛け違い

ところが、そうした協議会での議論が十分に尽くされたとは言い難いなか、都のE担当課長は、前任のO課長と相談し、地元の商工団体、商店連合会など一部の団体から事業推進の「要請書」を取り付けた。そして、これを理由に、都は浅草通りと国道4号線との接続部分を先行的に着工しようとしたのである。

全体の整備計画が協議会で検討の途中であるにもかかわらず、そんな都区の動きが「強行着工」として、協議会メンバーの一部はもとより地元の強い反発をかう結果となってしまった。

ふつう、地元に呼びかけ協議会を設置したからには、協議会での議論の深まりをもとに、住民一人ひとりの意見を可能な限り尊重して合意形成を進めるというのが基本である。

おそらく都は、国の道路行政当局との話し合いの時間などを考慮し、接続部分の整備を先行しても協議会での議論には影響しないと踏んだのだろう。協議会で示した整備計画案のなかで最も有力と考える案を念頭に、地元の主だった団体の代表から賛成を取り付けることで地元合意が得られたと考えたのだ。

事業目的が都と区で同じであっても、地元の合意形成に至る進め方の違いが、以降に生じた混乱の最大の原因であった。この場合、協議会の議論を尊重して事業のあり方を定めるとしながら、事業の一部を先行させたことがいわゆるボタンの掛け違いであった。

都の意向を受け、要望書の提出に賛同した前任課長は、仕事熱心であったがそうした結果を予想しなかったのだろう。

地元の賛成派と反対派の激しい対立という事態を受け、都区で協議した結果、2006年、それまでの協議会を中心に合意形成を図る方針を棚上げし、事業に関係する浅草通り沿いの町会毎の説明会を都区で行い合意を得ることにした。

しかし、説明会を行うと、いつも反対派が声高に事業に反対であると主張し、説明会は反対意見表明の場と化す結果となった。

当時、反対派の先鋒は、道路沿いの神仏具商専門店会を代表するTさんであり、協議会の場で「整備に断固反対する」との意見を表明した経緯もある。合意形成は完全に行き詰ってしまったのである。

（4）地元の意見をきめ細かに汲み取ろう

私は、都道府県レベルのまちづくりをおしなべて述べることはできないし、そのつもりもないが、今日、都道府県の進める大規模なインフラ系の整備にあたっては、地元の区市町村とうまく連携し丁寧に進めることが欠かせない時代になっていると考える。

以上に述べたシンボルロード整備事業も都の担当者は「地元のためになるのだから」と好意的に考えたのかもしれない。それでも、地元に意見の相違があることがわかった時点で、協議会を中心に慎重に合意の形成に向け、進めることが回り道のようでかえって早道だったのではないか。

聞くところでは、都が主体のインフラ整備では他にも、一部の地元団体から事業促進の「要望書」を受けるなどして事業の推進を図ろうとしたが、それがいわゆる「出来レース」として反対を激化させた事例があるという。要望書は「もろ刃の剣」でもある。

ひるがえって考えると、シンボルロード整備の事業主体は、あくまで都であるが、この事業のみならず都が主体となるまちづくり関連の事業は多い。その内容や進め方に関して現場をあずかる区として他人事であってはならない。ことに事業の目的や内容が適切だと考えるなら、「掛け違えたボタンを直すため率先して汗を流す」で述べるように、地元の人びとの意見をきめ細かに汲み取り、積極的に都との調整に臨むことも必要だと思う。また、そうした観点から言えば、都は、区との「協働」を大事にすべきであるし、万が一にも区を見下すようであってはならない。（伴）

写真 5.3　浅草通り（上野側）

写真 5.4　浅草通り（浅草側）

5.4 掛け違えたボタンを直すため率先して汗を流す

それでは、ボタンの掛け違いをどう解決できるのだろうか。

（1）ひとまず、都区の関係はつながる

浅草通りのシンボルロード整備については、商工団体などによる整備促進の要望書が、かえって反対運動の激化を招いた。

私が区の担当課長に就任したのはこの頃である。都の担当からは「区は今後、どうするつもりなのか」「整備事業は地元調整できないのならいつ止めてもいいのだから」と半ば脅しともとれるような発言があり、本庁への報告の同行を求められ都に部長と同行した。

私は、この事業が地域の活性化につながる大事な事業と考えていたので、こうした事態に至ったのは区だけの責任ではないと思いつつ、この時点で事業を止めさせるわけにいかなかった。

実際に事業の実施を担っている都の（出先である）建設事務所のE担当課長は、「計画に基づき進められないのは、区のやり方が悪いからだ」「本庁には、区が説明すべき」との考えだった。

建設事務所のE担当課長に代わり、私たちが本庁の課長に合意形成の状況を説明したが、彼は自分が予算を要求して確保したものの事業が進まないことについて予算当局からプレッシャーをかけられているらしく、説明の場は非常に気まずい雰囲気になった。

そうした中、帰り際にとりわけ現場経験の豊富な本庁の課長代理がありが

たいことに、「シンボルロードの整備によって沿道地域が活性化するのだから互いに頑張ろう」と励ましてくれた。

そんなこともあり、この日の説明は区が地元の合意形成にいっそう努力することを都区で確認する結果になった。ひとまず、都区の関係はつながったということである。

（2）改めてT部長の出番となった

さて、地元の対立は区議会議員の知るところにもなり、直接、状況を尋ねてくる議員もいた。議会の所管委員会では「Y区長のリーダーシップが不足しているのではないか」との厳しい指摘もあった。Y区長は何も言わなかったが、私は、申し訳ない気持ちになった。地元住民の意見が大きく割れているなか、区長ははっきりと言わなかったが、この事業については、なんとか実現したいと考えていたと思う。

私の上司（T部長）は、土木技術職であり、道路整備の経験も豊富で、地元有力者との良好な人間関係を構築していた。

T部長は、前任のO課長と同期ということもあり、課長の取り組みに意見を言いにくかったようだ。そのため、これまであまり口をはさむことをしなかった。ところが、以上のような行き詰まりと課長が替わったことなどから、地元調整は区のペースで進めること、また、反対の原因を改めて深く探ることを提案してくれた。同時に部長は都の担当者に区の進め方ついて了解を得てくれた。

まず、T部長は、神仏具商専門店会代表のTさんに筆者とともに会う約束を取り付けてくれた。その後もたびたび現場に同行してくれたこともあり、私達は、反対派の急先鋒のTさんと一定の信頼関係を築き上げることに成功した。

先に述べたように紛争の原因の一つは、商工団体などに依頼して作成してもらった事業推進の要望書であったが、筆者らは商工団体に取り下げてもらうよう調整を行った。あわせて、地元の活性化などに尽力している商店連合会の有力者が神仏具商の反対に発した「仏具商が表に出て反対するなんてとんでもない、裏に引っ込んでいろ！」という「浅草通りシンボルロード整備協議会」においての「暴言」についても、発言者に会い、今後、そうした発言はしない旨の了解を得た。考えてみれば、商店連合会の有力者たちは彼らなりに計画をまとめようと一生懸命だったのだろう。

（3）初めて反対派と膝詰めで話し合い

そうした地元の関係者との丁寧な話し合いを重ねた結果、地元との話し合いが中断してからほぼ1年後（2007年夏）には一方的な反対を受けるだけでなく、初めて反対派と膝を詰め合わせ話し合いを持つことができた。筆者が担当課長に就任してから1年半後のことである。

膝詰めの話し合いのなかで、事業に反対している神仏具商は「車線を少なくして自転車専用道を整備すると道路が渋滞するのではないか。」「高齢の顧客が店を訪れにくくなるのではないか。」と現状が変わることによる漠とした不安をもっていることがわかった。スカイツリー建設の進捗も聞こえてくるなかで、そうした不安の解消のためには交通量調査を行い、道路が渋滞することがないことを示す必要を痛感した。

東京都に交通量調査の実施について相談すると、「事業着手の段階でいまさらそんな調査はできない」とのことであった。たしかに調査には200万円もの費用が必要であるし、時間もかかる。そこで渋る区の財政部門などをなんとか説得して、区独自の予算で交通量調査を実施することにした。これによりシンボルロードの整備を行っても主要な交差点をはじめ直線部分でも渋滞は発生しないことを改めて地元に示すことができた。

この頃には、都の建設事務所の担当もＮ課長に替わった。しかし、神仏具商らを中心とする反対派との信頼関係は、まだまだ十分なものとはいえなかった。Ｎ課長は駅周辺の駐輪対策や沿道住民が私的に植えて育成していた私的植栽についても丁寧に対応してくれた。

反対派は、地元の説明会でも「調査は、あくまで机上のシミュレーションであり、実際に試してみなければ、渋滞しないと言えないだろう」「他の課題、たとえば、公衆トイレの新設や道路上の駐輪場整備などはどうするのか」と相変わらずの態度であった。

そこで私は、中野区や杉並区の自転車専用道の先行事例[1]などを示した。すると、反対派の先鋒Ｔさんは、自発的にそうした現場を見たり、個別の課題解決に取り組んでいる我々の姿を見たからか都の整備案に理解を示してくれた。また、そのうえで、整備案に対する具体的な意見を示してくれるようになった。実際に現場を見ることによってＴさんの反対一辺倒の態度が変わってきたのである。

（４）サクラには根強い反対が…

こうして反対が強かった地元の状況はかなり改善された。それでも、街路樹を、サクラにしたいとする地域団体「上野桜守の会」[2]の地元のメンバー

1　**自転車通行帯整備の先行事例**
　中野区内の山手通りなどが先行して歩道内に自転車専用道を整備し、良好な結果を生み出していた。

2　「**上野桜守の会**」は、2006年に上野の桜を次世代に渡り守るべく、地元住民が中心となり、行政と関係団体の連携により、桜の保全・啓発を図るために立ち上げられた団体。

と神仏具商の和解が最後の課題になった。

仏具商らは、「花びらが高額な仏壇につくと漆が変色して大変なことになる。それを知っているか」「サクラは、毛虫が付きやすい、お客から苦情が来たらどうする」「サクラの花びらの掃除はだれがやるのだ」といった理由で「上野桜守の会」の地域のメンバーと対峙していることを突き止めた。そこで、彼らが街路樹をサクラにするのに反対する理由を改めて丁寧に聴取した。

ところで、都は、浅草通りのシンボルロード整備にあたって、街路樹については、あらかじめ地元にアンケート調査を行っていたが、樹種の選択では意見が割れ決めかねていた。そこで、都区で先行事例を調べ、地元合意が得られると思われる百日紅を選び、団体ごとの説得に入った。「サクラは、景観上は素晴らしいが、地先で商売している者のことも理解してもらいたい」「団体での清掃活動をできることが、街路樹の条件である。サクラは大丈夫か」のやり取りで難航したが、話し合いを重ね樹種をサクラではなく、百日紅にする合意を取り付けた。

以上のように、区は、神仏具商を中心とした反対運動に対しては丁寧に対応することを心がけた。Tさんの最後の要求は、30数軒ある同業者に対して、それぞれ合意を得てほしいとのことだった。Tさんは組合一の論客であるが、「自分の意見が組合を代表するものではない」、つまり、Tさんが了承したことが組合の総意にはならないという至極まともな考えである。

私は、I係長（彼は、違反建築の取り締まりや是正指導を長年担当したベテランである。）と一緒に真夏のゆだるような一週間、汗だくになりながら、仏具商を一軒、一軒、説得してまわった。I係長は、さすがに、わかりやすい語り口で私を補佐し、店主たちを粘り強く説得してくれた。その結果、一軒を除き、すべての賛同を得ることができた。

こうして足掛け一年に及ぶ区の膝詰めの地元調整は、事業の実施に向け大きな節目を迎えたのである。

まちづくりの目標は、地域の活性化や安全性の確保、魅力の増進など、まち・地域の課題の解決である。それには、実現されるべきまち・地域の将来像を住民はじめ、多様な主体と共有することが第一である。その前提として、都区の連携事業ではあるが、まずは地元の自治体が率先して汗を流し、まちの人々との信頼関係をしっかりつくることが不可欠といえる。

（5）本当のキーパーソンを見極める

まちの人々との信頼関係をつくろうとしたとき、まず、行政サイドは誰がキーパーソンかを見極めようとするが、行政の把握している情報と実際のまち・地域での人物評価が大きく異なることはしばしば経験するところである。地元の人びととの話し合いを重ねるなかで、次第にわかってくることではあるが、本当のキーパーソンはだれかを見極めることが大事だと思う。

浅草通りのシンボルロード整備については、商工団体などによる整備促進の要望書が、かえって反対運動の激化を招いた。まさに、そうしたことの理解の不足からくる「ボタンの掛け違い」といえるのではないか。もとより、まちづくりは、キーパーソンと行政とのいわゆる「ボス交」で進めるべきものではない。まずは「平場」での話し合いを重ね、少数意見には常に配慮することを基本とするべきだと考える。

地元との話し合いを進めるうえで力になってくれた上司、酷暑のなか頑張ってくれたベテラン係長に今でも深く感謝している。かつて強い反対運動で事業の先行きが不透明になった時期、都への事業報告の際、都の課長代理の「お互いに頑張ろう」との発言が問題打開への大きなモチベーションとなったことを筆者は思い起こした。かくして、浅草通りのシンボルロード整備事業は、都が区に呼びかけ、実質的にスタートした2004年度からほぼ10年後にようやく完成をみた。

その後、神仏具商のＴさんは、この商店街振興への貢献により区長から表彰を受けた。Ｔさんは、表彰式の後、私の職場をわざわざ訪れ、「行政の仕事に反対した僕を表彰してくれてありがとう」と感激していた。私の上司であったＴ部長は、定年退職し、後を継いだ私もまちづくりの部門からは少し離れた。ベテランＩ係長も今はもういない。

（伴）

写真 5.5　整備により植えられた百日紅

写真 5.6　地域住民が植えた桜は残してもらった

5.5　東京スカイツリー建設での「まちづくり連絡会」の役割

まちづくりで作られる地域の会議体は、大別すると大きく二つに分けられる。一つは「○○連絡会」等の名称で、情報提供を行ったり意見を聞く場となるもの。もう一つは「○○協議会」等の名称で、文字通り会議体で話し合って決めていくものがある。

今回「まちづくり連絡会」の事例として、東京スカイツリーの建設で作られた地域住民が参加する「新タワー関連まちづくり連絡会」について説明したい。

（1）東京スカイツリー建設までの経緯

2003年在京放送事業者６社（ＮＨＫ、日本テレビ、ＴＢＳ、テレビ東京、テレビ朝日、フジテレビ）が600 m級の新タワー（現東京スカイツリー）を求めて、「在京６社新タワー推進プロジェクト」を発足させ候補地を探し始めた。

その当時デジタル波は東京タワーのアンテナから出力されていた。しかし周辺地域では品川地区や丸の内、八重洲地区などで次々と再開発が進められていた。東京タワーは高さ333 mなので、これから多くの高層ビルが建設されると、高層建築物による電波障害の発生が予想された。さらに2011年７月１日、アナログ放送を停止して完全デジタル化に切り替えることがすでに決まっていた。これらの状況から現在の東京タワーに替わる600 m級の新タワーを新たに建設することが求められていた。

（2）東京スカイツリー開発の概要

2004年11月に墨田区も誘致に名乗りを上げた。建設場所は、土地区画整理事業が行われていた押上業平橋地区（6.4ha）で、その大半が東武鉄道用地だった。墨田区の新タワー誘致表明を受け、東武鉄道は区画整理用地の整備計画を練り直し、新タワー建設の提案を行った。総事業費500億円をかけ、その事業規模は年間来訪者を500万人と見込んでいた。墨田区はその経済波及効果に期待をかけることになった。

押上・業平橋地区区画整理事業として3.7ヘクタールの開発が始まった。しかし、この建設用地は東京スカイツリーの敷地としては90m四方しかない極めて狭い敷地であったため、東京スカイツリーの主要な柱が三本脚という究極の安定した構造が採用された。スカイツリーは足元が三角で途中から円形に変化しており、これが不思議な外見の「日本刀のそり」と柱の「むくり」の形状を生みだしたのである。

さらに敷地全体を東西斜めに地下鉄が縦断しており、地下が使えない状況だった。このため1階を駐車場とし2階と3階全体を店舗とした現在の「ソラマチ」商店街になったわけである。これらの厳しい条件をのみこんだ高層オフィス棟や水族館などを含む、20万平方メートルを超える大規模開発が完成した。

（3）東京スカイツリープロジェクトの具体化と地域の動き

これだけの巨大施設が、既成市街地の中に建設されることは、周辺への影響が大きいことから、かならずといっていいほど反対の声がおこっても不思議ではないわけである。その原因はどこにあるのか。行政で長く住民とかかわった者として言えることは、住民に対して情報公開を十分にしていないことだと言えるのではないか。これまでの行政の対応は、できるだけ説明は簡略化し決まったことしか言わない。どこの説明会でも中身がない説明が多くなっていた。

しかし住民の方から見ると、詳細な中身が決まっていなくても、ある程度の方向性（イメージ）でも説明してくれれば一定の理解を示してくれる。私はこれまでの経験から、そんな気がしていた。墨田区として誘致を行った責任があることから、今回の計画を地域住民に理解してもらう必要がある。当時私はそう思った。

そこで東武鉄道に対しては、適時適切な情報公開を求めて行った。しかし「誰に説明すればよいのか」「一部の人に先に説明することはできない」等々、なかなか情報を出そうとしない。そこで東京スカイツリー周辺の住民に直接情報提供を行うため、その範囲と提供方法について様々なパターンを検討した。

結果として、押上・とうきょうスカイツリー駅周辺地区地区計画に策定された35.2ヘクタールの範囲（グランドデザイン策定エリア）に該当する町会・自治会29団体を対象として周辺地域とした。この住民を対象に情報提供を行う目的で、地域住民と事業者および行政が一体となった組織を作ることになった。

（４）「新タワー建設関連まちづくり連絡会」の立ち上げ

2007年11月、各テレビ局のカメラが並ぶ中で、建設地周辺の29町会・自治会の代表（各団体３名）を集めて「新タワー関連まちづくり連絡会」を設立した。29町会・自治会という参加団体数は大変多い構成団体数といえる。

これは今回策定した「押上・とうきょうスカイツリー駅周辺地区地区計画」のエリアに、団体地域が一部でもかかっているものを参加団体に選定したことによる。

これだけ多くの町会・自治会の団体で構成される会議体は初めての経験であり、会場の収容人数の関係もあり各団体の参加者数を決めるには大変苦労することとなった。しかし、最初に述べた通り、情報提供や意見を求める目的であれば、これくらいの団体数でもなんとか会議を進められるという思いはあった。

まず参加人数は、1団体3名の委員を選定してもらい全体で100人ほどの規模となった。連絡会の開催は、月1回程度を基準として、議事録は連絡会ニュースとして各町会･自治会で回覧できるよう配布した。報告事項も、事業者からの説明が主であったが、できるだけ質疑の時間を取ることにより、参加者からの質問も多岐にわたった。会場の雰囲気は、出席者の関心が高く、東京スカイツリーへの期待が強く感じられる雰囲気であった。

これ以降、この会が毎月、東武鉄道と新東京タワー会社からプロジェクトの検討状況や今後のスケジュールについて報告を受け、質疑を進める中で周辺住民との意見交換を重ねて行った。施工者である大林組はこの会の運営役として専任の担当者を配置して29町会・自治会との連絡調整を担当させることにした。恒例の牛島神社の例大祭では各町会のみこしの通る時間に工事車両を一時止めるなど、きめ細かい対応を図っていった。これも毎月開かれるまちづくり連絡会でのきめ細かい情報提供により、お互いの信頼関係ができあがってきたことによるものと言える。

（5）まとめ

2007年9月には、東京都の環境影響評価条例に基づく環境アセス説明会が開始された。東京スカイツリーからの電磁波の影響が不安だとの声がさまざまな人たちからあがった。しかし、環境アセスの調査項目に「電磁波」は含まれていなく、東武鉄道は東京スカイツリーに設置されるアンテナの本数と出力を最大限想定し、そのアンテナから発生する最大の電磁波を仮定し、数値として環境アセスに記載した。さらに東京スカイツリーの建設後には電波環境の測定を行うことで対応することを説明して、電磁波に不安を持つ人たちへ対応できる範囲で一定の理解を求めていった。

結論として、「まちづくり連絡会」として住民と事業者と行政が連携協力して作った「新タワー関連まちづくり連絡会」は当初の目的を果たすことが出来たと確信しており、十分であったかどうかはわからないが、ある程度の情報共有が出来たのではないかと考えている。全国どこでもこの方法が可能とは思わないが、それぞれの地域においてどのような方法でまちづくりの情報を共有していくのか、皆さんが検討していく上で参考になればと考える。

（河上）

〈参考・引用文献〉

上山肇（2011）「地区まちづくり政策の理論と実践」法政大学博士学位論文
上山肇、加藤仁美、吹抜陽子、白木節子（2004）『実践・地区まちづくり』信山社サイテック
上山肇（2001）「法政策学にみるまちづくり条例―都市計画における参加的決定―」『日本建築学会大会学術講演梗概集（関東）』83-84頁
平井宜雄（1995）『法政策学（第2版）』有斐閣
小林重敬他（1999）『地方分権時代のまちづくり条例』学芸出版社
塩野宏（2012）『行政法Ⅲ 行政組織法（第4版）』有斐閣
東武鉄道株式会社、新東京タワー株式会社（2008）（仮称）業平橋・押上地区開発計画（新タワー計画）計画説明

第6章

“まち”を具体的につくる手法

（事業・制度等）

ポイント

ポイント1：事業・制度は“まちづくり”を具体的に実現する手段

ポイント2：“まちづくり”は事業や制度を活用することで具体的に進む

ポイント3：多様な主体との連動の必要性

6.1　まちづくりを具体的に実現する事業等

まちづくりを具体的に実現する手段として様々な事業があるが、ここでは土地区画整理事業と再開発事業、密集事業について、自身の経験から紹介したい。

（1）事業

よく耳にする事業としては土地区画整理事業や再開発事業といったものがあるが、その他にも道路整備や密集の改善に伴う内容など多種多様な事業がある。最近ではそうした事業や制度を掛け合わせながらまちづくりをしている。自らが関わった具体的な事例を通して説明する。

1）土地区画整理事業

土地区画整理事業とは、その仕組みとしては道路、公園、河川等の公共施設を整備・改善し、土地の区画を整え宅地の利用の増進を図る事業のことである。公共施設が不十分な区域では、地権者からその権利に応じて土地を提供してもらうことにより（減歩[1]）、その土地を道路・公園などの公共用地が増える分として充てるとともに、その一部を売却し事業資金の一部とすることがある（国土交通省ホームページより一部引用）。

地区計画の策定時に私が関わった江戸川区平井七丁目では、土地区画整理

1　公共用地が増える分に充てるのを公共減歩、事業資金に充てるのを保留地減歩という。

写真 6.1　区画整理前の建物が密集している様子

写真 6.2　高規格堤防事業によりかさ上げした状況

写真 6.3　土地区画整理後の地区計画制度を活用して完成したまち

事業と高規格堤防事業、地区計画を掛け合わせたまちづくりが行われている。土地区画整理事業は江戸川区施行で、権利者数 74 人、総事業費約 35 億円、事業期間は 1999 年度から 2004 年度であった（**写真 6.1 〜 6.3**）。

江戸川区ではその他にも瑞江駅周辺で東京都施行と江戸川区施行の土地区画整理事業が、一之江駅西部地区では江戸川区施行の土地区画整理事業が行われている。

2）市街地再開発事業

市街地再開発事業とは、市街地内において土地利用の細分化や老朽化した木造建築物の密集、十分な公共施設がないなどの都市機能の低下がみられる地域において、土地の合理的かつ健全な高度利用と都市機能の更新を図ることを目的とした建築物及び建築敷地の整備並びに公共施設の整備に関する事業である。この市街地再開発事業には第 1 種と第 2 種の 2 種類があり、収支の方式や施行者が異なる。また、第 2 種事業は公共性・緊急性が著しく高い区域において行われる。

江戸川区の再開発を担当する管理職として関わった東京都施行の亀戸・大島・小松川地区再開発事業は国の高規格堤防事業と掛け合わせたまちづくり

写真 6.4（左） 木造住宅等が密集していた小松川地区（整備前）
写真 6.5（右） 高規格堤防整備とあわせ避難広場を兼ねた広大な公園や中高層住宅等が整備された同地区（整備後）

写真 6.6（左） ゼロメートル地帯を守っていた約 10m の旧堤防
写真 6.7（右） 高規格堤防整備によって市街地と一体化された空間

（出典：写真6.4～6.7 はいずれも「グラフ スーパー堤防」（国土交通省荒川下流河川事務所）より引用）

が長い年月をかけ行われ、今では高規格堤防と一体となったまちづくりによって、安全でアメニティ性に富んだ快適なまちに生まれ変わっている（**写真 6.4 ～ 6.7**）。江戸川区では現在、小岩駅や平井駅周辺で再開発事業が行われている。

3）密集事業（密集住宅市街地整備促進事業）

住宅市街地総合整備事業（密集住宅市街地整備型）は、既成市街地において、快適な居住環境の創出、都市機能の更新、美しい市街地景観の形成、密集市街地の整備改善、街なか居住の推進等を図るため、住宅等の整備、公共施設の整備等を総合的に行う事業のことである。

江戸川区では、災害に強いまちを目指し様々なまちづくりが進められている。その中で、老朽化した木造住宅が密集し、火災の延焼拡大の危険性が高い地域において、首都直下地震が発生した場合に備え、道路や公園を整備し地区の防災性と住環境の改善を図るため、密集住宅市街地整備促進事業に取り組んでいる。現在、5 地区が事業を終了し 9 地区で実施されている。江戸川区の課長時代に担当した一之江駅付近地区では共同建て替えも実現している（**写真 6.9**）。

一之江駅付近地区周辺は、昭和 30 ～ 40 年代に急激に小規模な宅地開発がなされ「ミニ開発地域」が多く存在している地域である。その後建築物の老朽化に伴い「接道条件が悪く再建築出来ない」「道路が狭い」などの課題が挙げられるようになった。

1986 年に都営新宿線一之江駅開業に伴い駅前にふさわしい商業・業務地と住宅地の共存形成を図るため地区計画（1988 年）を決定している。この計画を具現化するため、1992 年にコミュニティ住環境整備事業（現在の密集住宅市街地整備促進事業）を開始し細街路拡幅や公園整備さらに共同建て替えを実施した（**写真 6.8、6.9**）。

写真 6.8（左）　木造住宅等が密集していた地区（整備前）
写真 6.9（右）　共同建て替えによる密集地区の改善例
（共同建て替えビル「ステーションフラッツ」）

（出典：いずれも江戸川区）

（上山）

6.2　道路整備と雨水利用　―京島地区

東京都墨田区の京島地区まちづくりは、木造住宅密集地区の整備事業である。東京都は 1980 年頃から、この地区の防災性の向上を目的にまちづくりに取り組んできた。当初「住環境整備モデル事業」[1]がメインの手法で、住宅地区改良事業の手法で老朽住宅を買収・除却し、その跡地に公営住宅を建設して事業を進めようとしたのである。

道路整備については、都市計画決定を伴わない任意事業として進めていた。道路拡幅予定地の建物を広範囲に任意買収して事業用住宅（従前居住者用住宅）を道路拡幅用地から後退して建設することで、併せて道路用地の確保を行って整備を進めていく手法である。

東京都がまちづくり事業を始めて５年が経過した時点で事業用住宅２団地、38 戸と先行取得した事業用地を合わせて、1990 年（平成２年）、東京都から墨田区へまちづくり事業の移管がされた。

---

1 **「住環境整備モデル事業」**

国土交通省の補助事業。当初は、住環境が劣っている地区の住環境整備のために、老朽住宅の除却と従前居住者用住宅（モデル住宅整備事業。道路整備事業。コミュニテイ施設整備事業）の建設補助を行う要綱事業である。その後コミュニテイ住環境整備事業に変更され、現在の「住宅市街地総合整備事業」につながる事業である。

モデル事業での事業内容は、木造密集地区で老朽住宅の買収除却を行い、事業用地の買収除却により道路の整備や事業用住宅（モデル住宅その後コミュニテイ住宅）の整備、緑地の整備などのまちづくり整備事業がメインの事業である。東京都の自治体を含め、全国の自治体で利用されている。

（1）主要生活道路整備への取り組み

道路の拡幅整備を行うには、地区計画制度を使って、整備する道路を都市計画として定めて事業化する方法が行われている。この時点では地区計画制度がまだ整備されておらず、道路予定地の老朽住宅を買収除却して道路用地を確保する手法が取られていた。

事業地区内の主要生活道路については、「京島地区まちづくり協議会」で検討がされ、主要生活道路の整備個所について基本的な考え方が「計画の大枠」として決められていた。拡幅する道路は、大半が４ｍ幅員の道路を８ｍと６ｍの幅員に拡幅するものであった。

この道路拡幅整備事業は、既存道路の拡幅が両側では無く片側拡幅となっていることが大きな特徴である。既存４ｍ幅員の道路を８ｍ道路に拡幅する場合には片側（北側）のみに４ｍ広げていく計画となっている。これは道路が広がることにより、現状の低層建物の建替えによる北側への日陰の影響を少なくするためである。

この片側拡幅の道路整備に30年かかっていることから、仮に両側拡幅で事業を進めていたら、これ以上の年数が必要となっていたと考えられる。6m・8m道路拡幅整備事業の実績は、拡幅整備完了道路の延長が約818mとなっている。

写真 6.10　8ｍ道路整備完了

写真 6.11　8ｍ道路整備一部完了

この事業と並行して、細街路整備事業が併せて進められた。この事業は4m道路（法42条2項道路の後退整備）の整備を進める事業で、整備実績は196カ所、整備道路延長が約2,327 mとなっている。

京島地区まちづくり事業でまちづくり事業用地として取得した面積は14,676㎡で、建設された従前居住者用住宅は、17棟173戸、店舗作業所は5戸となっている。

現在主要生活道路として整備中の8m道路は、主要生活道路2号線約85m、3号線約160m、4号線約70mが対象となっている。この道路は一部を残しおおむね完成しているが、残っている建物は新しく建て替えられたもので、次の建て替えまで相当時間がかかると思われる。約315mの8m道路が完成するには、相当の時間がかかるわけであるが、強制力のない任意買収で進めてきた道路整備の最後の路線である。

（2）事業用地を活用した雨水利用

1）京島地区の地域危険度

東京都が2022年9月に発表した「第8回地震に関する地域危険度測定調査」では京島2丁目および京島3丁目は建物倒壊危険度、火災危険度、総合危険度のすべてが、危険性が最も高いランク5に指定されている。特に建物倒壊危険度は都内5,192町丁目の中で、京島2丁目が1位、京島3丁目が2位となっており、地震により建物が倒壊し避難生活を送る世帯が多いことが想定される。

木造建物の密集地区であることから、火災がおきれば周囲に延焼して大きな被害が発生することを怖れるからである。不燃化率も、50%を超える程度である。

まちづくりをはじめてから40年経ったわけであるが、大きな災害が起きず、住民の意識も変わりつつある。これまで火災に対しては。消火器、スタンドパイプ（消火栓から直接消火用ホースを結節する装置）簡易消火器（水道栓に直接つないで水を飛ばす装置）などの多様な消火設備が整備されてきた。これらの設備は水道設備を使用した消火設備であり、断水時には使用できないという課題があった。

また、断水時に生活用水として使用できる水が、京島地区には雨水貯水槽しかなく、避難生活を続けていく事が困難になるという課題も抱えていた。京島地区まちづくり協議会では、この課題の解決に向けて「水活用勉強会「通称：京島井戸端会議」を発足させて検討を行った。

2）京島地区内の防災設備

震災時の建物倒壊危険度が高い京島地区には、様々な防災設備が整備されている。

地区内に整備されている防災設備は以下の通りであるが、消火設備は、水道を使用するものが多くなっており、東京都水道局による「震災時の墨田区内断水率」は、東京湾北部地震では79.6%。多摩直下地震では67.5%と高く、震災時に断水によって消火設備が使用できないことが危惧される。

（1）消火設備

・スタンドパイプ７台

・簡易消火設備20台

・消火隊消火ポンプ２台

・雨水貯水槽14か所
（満水時合計140㎥）

（2）非常用トイレ

・災害用マンホールトイレ
６台

（3）その他防災施設

写真6.12　雨水利用

・防火水槽（消防用）11 個所

・飲料水ろ過機　第四吾嬬小学校

地震による断水が発生した場合、これまでの大震災を見ると、断水期間は約２週間から一か月半となっており、飲料水は備蓄品や救援物資等で、ある程度賄うことが可能であるが、生活用水（トイレ、入浴、洗濯等）の確保は困難といえる。

生活用水として京島地区で活用できる雨水貯留槽、満水時の 140㎥を例に計算すると、仮にトイレに使用した場合（１人１日あたり約 14ℓ）１万人分となる。しかし地区内人口の約 6,900 人で使える量は一人１～２回しか使用できないことになる。ある程度の期間活用できる水の確保が必要という結論となった。

（3）防災井戸の活用に向けて

大震災時の生活用水の確保に向けて、新たに防災用の井戸を設置することを提案した。これを受け 2021 年３月に協和井戸端広場に防災用井戸が掘られ活用できることになった。

京島地区まちづくりは、主要生活道路（幅員８m、６m）の整備が進んで、

写真 6.13　防災井戸

写真 6.14　協和井戸端広場

（出典：「京島地区まちづくりニュース No37」発行：2022 年４月墨田まちづくり公社）

消防活動困難区域は解消されている。まちづくりの初期段階で、地区内での消防活動が困難な区域の対策として、雨水貯留槽を設置した。これらは初期消火用の防火用水としての役割を期待していたが、これから起きることが予想される大規模災害時の生活用水としての活用も期待できる。

（河上）

6.3　コデベロップメントと２Ｗ１Ｈの大切さ

（1）地域住民だけで、まちづくりは進むのか？

まちづくりの主役は、住民である。しかしながら、筆者らのフィールドである東京23区は住宅を主体としたいわゆる「周辺区」と商業・業務機能が集積した「都心区」、さらに住宅と商店や工場、事務所などが混在する地区が広がる区がある。多様な地権者が居る商業地では少し､状況が異なる。従って、そうした区のあり様によりまちづくりの進め方は、かなり異なってくる。とりわけ、都心区のまちづくりにおいては、指定容積率を都市計画手法により割り増して、その見返りに、都市施設の整備や公開空地を得て、既存の街を作り替えるようなまちづくりの形がある。

皆さんはアメヤ横丁をご存知だろうか。この話は、アメ横の南端のＪＲ山手線の御徒町駅西側の駅周辺の建替えとそのことにより駅前広場を整備することにより新たな賑わいの拠点を生んだまちづくりである。当該地域は、地域に居住する住民も少なく、地元関係者のほとんどが地域の中小地権者と大規模地権者である。まちの将来像は、1990年に策定された地区計画で方向性が示されたが、その実現に際し、地権者はもとより、東京都、警視庁など関係者行政機関も多く、許認可権限を持つ区は黒子として、適時、適切に、どうふるまうか考え、行政と開発側の中立に立つコ・デベロッパー[1]と連携しながら、常に２Ｗ１Ｈ（Who? What? How?）に配慮して個別の建て替え計画プロジェクトを進めて行きながら、地域のまちづくりを実現した事例をご紹介したい。

（2）20余年のギャップを超えまちづくり事業が、始動した

ＪＲ山手線御徒町駅西側の地区では、Ｍ百貨店の建替え、地区の北側の春日通沿いの街区の再開発組合結成を契機に地区計画が策定されたが、当時、ふたつの事業が頓挫し、この間、大規模開発が進んだ隣接区秋葉原からは、完全に取り残されてしまった。

変化の兆しは、Ｍ百貨店の駐車場ビルの集約建て替えと敷地整除型区画整理の事業提案から始まった。当該地域は、関東大震災の区画整理事業により街区は整っていて、容積率が高いものの、幅員12ｍ以下の区道による容積率の低減と斜線制限で、容積率を効率的に使えない場所であった。

Ｍ百貨店の提案は、区画街路である区道を付け替えてＭ百貨店の敷地を集約して駅側に寄せて、高幅員の通りに接道する敷地に集約することによって敷地の高度利用が実現し、地区計画に示された駅前広場を実現しようと言いうものであった。

区としては、道路を付け替えることにより用地買収をすることなく、地区

1　**co-developer**（コ・デベロッパー）名詞；共同開発者（社）、共同発展者（社）
　主に米国・英国で大規模不動産開発の地権者と契約で開発推進を実現化させる「開発計画・設計・テナント企画・リーシング・資金調達 etc.」を一括して行う人物又はその組織のこと。
　ポイントは「co-development agreement（厳密なる双務契約で一種の成功報酬支払契約）」の締結により co-developer（コ・デベロッパー）が構想・計画・設計・許認可・テナント企画・建設・テナントリーシング・資金調達の全てを一括して遂行する。プロジェクト完成後の一定期間後（通常５年後程度）の時点で当初合意した採算点に達しているか否かを双方により検定し契約終了とする不動産開発方式。
　代表例は米国メリーランド州コロンビア市（人口10万人）や、同州ボルティモア港湾地区（14,000acre）における再開発及びネバダ州サマーリン地域（ハワード・ヒューズ所有地22,500acre）が有り、いずれにも co-developer としてラウス・カンパニーが参画している。

計画に定める駅前広場が実現できるメリットがあるものの、地元調整が最大の課題で、この調整の最中に前任のO課長から仕事を引き継いだ。具体的な状況として、自社ビルの建て替えを計画中のS会長からも、滞っている建て替え計画の協議を進めさせてほしいとの強い要望が寄せられていた。

同時に、地区計画の推進派のM百貨店と競争関係にある地元のY百貨店は、対立状態であり、M百貨店が、主導する整備計画に反対するY百貨店は、区道の付け替えについて「法廷闘争も辞さない」とプレッシャーをかけてきた。さらに、区道の付け替えに伴う、道路管理者、交通管理者の調整協議が待ち構えていた。地区計画区域内のこれらの建て替えに伴い、建築制限条例の早急な策定も急がれていた。

（3）最前線に落下傘部隊として降り立ってしまった。

そんな課題山積の職場に都市づくりの経験の無い担当課長として異動してきてしまったのが私だった。幸いにも、地元調整の経験豊富な土木職のT部長が、直属の上司で、最前線の交渉現場まで私に同行して、相手の話に傾聴する姿勢を示しながらも、譲れない一線では決して妥協しなかった。さらに、対立の構図から、雑談などを通じて、徐々に相手との距離を縮めて行く方法を示してくれた。さらに、帰庁すると課題、成果、今後の戦略を逐次、教えてくれた。

まずは、地元有力者のS氏への対応が、喫緊の課題であり、S氏から「話を聞いて欲しい」と連絡を受けたので直ちに了解した。S氏は、大学時代の同級生で自分の不動産コンサルタントと言うことで、アメリカの開発コンサルへの出向経験があり大手ゼネコンの開発を担当してきたK氏を同伴して区役所を訪れて来た。

話の中身は、S氏の自社ビルの建て替えで当然受けられると考えていた建築基準法の緩和措置が受けられず、建替え計画が、進まずに非常に困っているというもので、区に対して不信感を持っていた。どうしたものかと私が当惑していると、同席しているK氏に東京都の建築行政部門にも知り合いがいて区の建築主事との間に入り考え方の整理を申し出ていただいき、区主事とも整理ができ、S氏の自社ビルの建て替えに着手することになった。

（4）地元の有力者が積極的に動くことで、個々の地権者の地区のまちづくりへの姿勢が変わった

S氏は、区の対応に感謝してくれ、地元の関係者間で意見の対立のある駅前広場の整備について整備協議会を立ち上げ、その会長を自らが引き受けることを申し出てくれた。

地元の有力者であるS氏の呼びかけで集まった、駅前広場整備協議会のメンバーは、副会長に若手経営者のU氏、M百貨店、Y百貨店、近隣商店の経営者、企業の関係者と20数人が集まった。メンバーの間の関係も様々、行政に対するスタンスも批判的な方、連携を希望する方と、まさに呉越同舟であった。しかし、回を重ねるごとに会長のS氏の手慣れたハンドリングとコンサルのK氏の絶妙なアジテーションにより、議論は、徐々に収束していった。さらに、個別建て替えの課題と広場を中心にどう周辺のまちづくりを進めていくかの議論を別々に行えるようになってきた。

Y百貨店も当初は、道路が付け替えられて搬入経路が複雑化する弊害を主張していが、担当のT係長が、実車を使いシミュレーションを行い時間の差異にあまり違いが出ない事実を共有するとともに、既存の交通標識位置が搬入に影響することが判明した。担当係長は関係者との協議を進め、支障標識を移設することができた。

協議会での議論に加え、このことが、Y百貨店の行政に対する態度をかえ

るきっかけになって、「うちも、いつもまでも過去に拘っていないで、広場ができた時の新しいまちをイメージした商売をしなければならないですね」と私にそっと呟いてくれた。

（5）個別の地権者が動き始めた

駅前広場整備とＭ百貨店の駐車場ビルの建て替えは、不可分の関係であった。付け替えられた道路は建築敷地になるが、地区計画の地区施設の扱いになり、前任課長は、地域住民に対して元の区道と同じ24時間車が通る道路になると既に地元に約束していた。

このことに難を示し、交通安全のために夜間は閉鎖を主張したのは、交通管理者である警視庁であった。Ｍ百貨店が設計事務所と協議に行っても良い返事をいただけないので、区も一緒に来てもらえないかとの要請をＭ百貨店より貰った。

写真 6.15　M百貨店の敷地集約状況

写真 6.16　パンダ広場イベント開催状況

地区計画内の建築物設置の許可権限を持つ区が、「交通について許可権限を持つ警視庁に説明に行くのはどうかな。」と思いながら、地元との約束もあるので渋々と同行を了承した。

なんとか約束を取り付け警視庁の担当所管に伺い丁寧に説明したが、反応はいまいちで何度かなるべく平易に説明を試みた。そのうちに担当者が怒りだして、「当方をバカにしているのか。」と言われてしまい、埒が明かないので出直すことにした。

帰庁して、上司の部長に相談し、知り合いの東京都の職員や区に出向していた警視庁職員にアドバイスをいただきながら、直接、間接的にこちらの考えを担当者に伝え、時間を要したが何とかこちらの考えを理解していただいた。

行政が行政協議の手伝いをしたことで、M 百貨店他との距離が縮まるとともに、他の地権者に配慮した様々な協力をM 百貨店から得ることができた。その後、他の改築事業が進捗するとともに、整備した広場を同地域の活性化に活かす議論にすすんで行くことになる。（伴）

写真 6.17　パンダ広場をホームより望む

写真 6.18　春日通り沿い駅前広場

6.4　多様な主体による連鎖的まちづくりの実現

（1）まちづくりを進める条件

私の勤務していた台東区役所は、上野駅を降りて国道４号線と都道浅草通りの交差点の東上野４・５丁目街区にある。この地域は、昔は寺町で、今でも大きな寺院も残っているものの、現在は区役所、旧小学校、警察署、ハローワーク、東京メトロの関連建物等、公共施設が集積する場所である。いずれの建物も、老朽化しており、建て替えは喫緊の課題であった。

私がまちづくり部門に異動するまでに、国際的なホテルやホールを持つシビックゾーン構想、公共施設を再開発で再整備する勉強会を今の都市再生機構と行っていたこともあったが、都市再生機構の法的位置付けが変わり、直接、開発に関与することができず、その事業予定用地を民間デベロッパーに売却した場所には、高層の事務所ビルが整備されただけで、まちづくりの具体的な動きはなくなっていた。

台東区内は、関東大震災による区画整理により、道路基盤整備はされているものの、区内に工場跡地の様な大規模な用地はなく、東上野４・５丁目街区でも例外ではなく、メトロ、区、警察、寺院、といった、複数の地権者の意向に沿って、タイミングよく、長期間で、パズルを解くような、まちづくりを進める必要があった。

（2）きっかけは、民間事業者による共同化の提案

2007年にまちづくり推進課長に就任して、前任のO課長から引き継いだ区内の懸案のまちづくりの一つで、都市再生機構の声がけで始まった計画が頓挫したが、東上野4・5丁目は、公共施設が集積していることもあり、街区の防災性の強化が、一つの課題であることは認識した。

そんな折、本庁舎の東側にある、分庁舎2棟を含む周辺の老朽化した木造住宅を含んだ共同化が区のまちづくり相談員を派遣している地元から提案された。同時期に、警視庁から、庁舎建て替えのために小学校用地を提供してもらえないかという打診もあった。

当時、都内の警察署の建て替えは、知事の肝煎りで着々と進められ、規模は、知事の問題意識から既存の庁舎の倍以上になっていた。上野警察は、以前も、打ち合わせに行った時に、会議室の様な広い場所がなく、食堂で打ち合わせていた。このことからも、建て替えは、警視庁の悲願であることが実感された。さらに警視庁施設課の古参の係長は、ことある毎に、ご機嫌伺いに私を訪問して、何とか土地を取得させて欲しいと懇願した。

区の幹部に相談すると、これまで区は、まちづくりに公有地を提供した実績はないので、無条件での提供は否定された。しかし、庁舎施設の共同化については、分庁舎の扱いも含め検討するように指示された。

まちづくりの視点では、区域内の大規模地権者である東京メトロの意向は、担当として知りたかったが、相手の本音を知るようなチャンネルは全くなかった。そんな時、昔、東京都から出向していた元上司が、たまたま、区役所を訪れてくれた時、状況を説明しアドバイスを求めた。「メトロに国や東京都の技術系のOBがいるから、話を聞く場を設けてあげるよ」と言ってくれた。このことは幹部にはあえて話さなかった。

（3）連鎖的まちづくりの発想

しばらくすると、元上司が面会の機会を作ってくれた、彼らと会うと開口一番、「台東区は、山手線の駅前の街区にこんなポテンシャルの高い用地を持ちながら、なんで今まで何もやってこなかったのか。」私は、答えに窮していると、「僕たちが応援するから、一緒に、頑張らないか。」と提案をされた。彼らの提案は、メトロ用地も検討の俎上に乗るよう、社内のコンセンサスをとってくれる提案であった。私に決定権があるわけではなかったが、まちづくり初心者の私としては、「よろしくお願いします。」と答えてしまった。

区域内の大規模地権者の動向、具体的な動きが出た時にどう進めるか、非常に悩んでいた時に、御徒町で親しくなったコンサルタントのK氏に相談すると、江戸川区内の密集市街地の整備に連鎖型の区画整理を実施した、コンサルがいることをお聞きして、そのコンサルと話す機会を提供してくれた。

コンサルと面会して現在の状況、詳細を説明するとコンサルは、まず、第一段階として、共同化が計画されている分庁舎用地と小学校北側の民間所有地を交換して、小学校の跡地の整形化と拡大をする。第二段階は、小学校用地の一部と警察署の用地を交換する。第三段階は、交換した区の用地と隣合う東京メトロの敷地を一体的に使い、高度利用する案であった。計画スパンも10年以上になるし、それぞれの地権者の意向もあるので不安ではあったが、区の幹部に詳細を説明すると検討を進めることを了解してくれた。

（4）具体的なプロジェクトが、動き始めた

まずは、共同化を支援するため地権者の意向確認を始めるために、地元で東上野5丁目6番街づくり協議会を設立してもらい、2012年に区のまちづ

くり相談員の制度を活用して専門コンサルタントを派遣した。その上で、共同化の勉強会と地権者の意向の確認からはじめ、共同化の意向が、一軒をのぞき、個人地権者の間に強いことが確認できたので、実際の開発事業を行う事業協力者を公正な方法で選んでいただき、具体の事業計画を立ててもらった。ここで、課題になったのは、区が事業に参加するか否、建物の残存価値をどう評価するかだったが、最終的には、旧下谷小北側の隣接地と土地を等価交換し、既存建物の残存価値については解体工事の中で精算した。これで連鎖のスタートが切れた。

次の段階は、大きくなった旧下谷小学校の敷地で当初案に基づき、警察庁舎、分庁舎、ハローワークを建て替えるボリュームスタディを何度も行った。

東上野５丁目６番街区での共同化が動き出し、地域住民も地区内のまちづくりに関心を持ち始めた。区は、この機会を見過ごさずに、住民にまちづくりの意向調査を実施した。結果、東上野４・５丁目地区内は、借地、借家が多く、複数のお寺が、その権利を所有していた。お寺については、担当者が遠方になる時もあったが、お寺に赴き、忍耐強くヒアリングを行った結果、行政がしっかりしたまちづくり計画を作ることが大前提で、お寺の権利は、区分床などでも良いので、しっかりと担保することの条件で大方の同意を得た。区は翌年の 2013 年度、東上野４・５丁目まちづくり検討委員会で、まちづくりのガイドラインを作成し、議会で報告をし了承を得た。

（5）難しかった、個別計画の合意と議会説明

苦労したのは議会の合意であった。所管の委員会は、都市再生機構が計画していた頃の計画を知っていて、具体的な公共側の建設計画がない中で、民間の共同化事業のために、分庁舎を解体して民有地を交換することは、民間のみを利する事にならないかという議論があった。これに対して、東上野４・

５丁目のまちづくりがいかに必要であるか、将来像を丁寧に説明して何とか理解を求めた。

一方、警察については、お互いの土地の売買を全体に考えていたが、お互いの土地の評価に乖離があるのと、警視庁は、土地を取得してから始めて建設事業の予算化をするので、区幹部からは、計画が不明確なまま議会の了承は得られない可能性があるので、土地の売買の了解は得られなかった。この間、警視庁からは、まちづくりに従って庁舎を建て替えるので、有利な条件を引き出そうとする駆け引きが行われ、警視庁側の担当者も２年毎に代わり、その度に、基本的な考え方、進め方、条件のすり合わせが行われたが、担当者は辛抱強く交渉してくれた。

途中あまりにも進捗が遅いので、東京メトロから計画を中止しようとの提案もあったが、なんとか、両者を説得することができ、2015 年には地区計画素案、2016 年度には、地区計画都市計画決定まで漕ぎ着けた。ここまで

写真 6.19　東上野５丁目６街区の共同化

写真 6.20　旧下谷小学校解体現場（将来上野警察用地）

10年の歳月が経過していた。幹部からは、何度も成果がないのだからもうやめろと言われ続けたが、「まちづくりの成果は、最低10年はかかるので、ご理解いただきたい」と何度、言ってきただろうか。

（6）想定していなかった、障壁が立ち塞がった

東上野4・5丁目街区の鉄道を挟んで西側の上野公園には、コルビジェの設計した西洋美術館があり、2016年には、東京で初めてのユネスコによる世界遺産登録がなされている。指定に向けての活動が、地元の有志により長年行われ、3回目に登録が可能になったが、登録に際し建物の東側の景観が指定の上での課題になり、法的な規制ができないかということがユネスコや所管する文化庁から要請があった。日本の建築物の規制・誘導は、都市計画法と建築基準法がベースで、法的な根拠のない規制はできないと説明してきた。唯一できるのは、景観法を根拠とする誘導ということで、指定を受ける前に景観計画の中で曖昧な基準とした。

3回の世界遺産への登録運動の中で、建築の規制誘導をする区域が東側に徐々に広げられ、最後は東上野4丁目の街区の一部にまで広がってきた。このことにより、昭和通り、浅草通りの交差点の街区に計画されている、東京メトロ、一般地権者、区の共同化の建築物の高さが規制され事業性が悪くなった。区幹部からは、世界遺産の登録に影響したら事業は実施させないと強く言われ、何とか事業が成立する内容で、都市計画の制度設計の地権者合意形成が進められていると聞いている。

10年を超える長期のまちづくり計画で様々な事業主体の調整を根気よく進めたことが、今に繋がっていると思うし、今後もこれまでの成果に誘発された周辺のまちづくりが、連鎖的に進むことを祈念している。

（伴）

6.5　施策を提言・実行する

自治体まちづくりで「施策を提言・実行する」場合、第一段階として、まちづくりの計画を誰がどのように作るかである。一般的にはまちづくりの計画を住民と行政、あるいは事業者が作成していくことになるが、ここにまちづくりの専門家が加わることが多い。専門家によるアドバイスや情報提供を受け、計画をまとめていくことになる。

次に第二段階として実行の段階であるが、多くは行政の仕事になる。事業者として民間事業者が行う場合もある。この「提言・実行」の分け方では、だれが使うのか記載されていないが、道路や公園などは、作られた地域住民が主として使うわけである。このことからいえば実行には「作る」と「使う」の両事項が含まれ、最後に「使う」ということが発生するわけである。

（1）施策の提言

京島地区まちづくりを例として取り上げてみる。「施策の提言・実行」の第一段階における計画づくりと住民合意について述べる。

京島地区まちづくり計画の（大枠）はどのように作られたかを述べると、現在の「京島地区まちづくり協議会」ができる前に、「まちづくり検討会」を地元町会・各種団体、自治体（東京都・墨田区、まちづくりの専門家）で立ち上げ、その検討会でまちづくり案を作成し、住民説明会を開催してまちづくり計画案としてまとめている。この案を、東京都と墨田区に提案したものである。1970 年代のまちづくりでは、このような住民参加のまちづくり計画の作り方は、事例としては少なかったと言える。

この検討会で全面除却による再開発や区画整理といった画一的なまちづくりは話題とならなかった。地元委員からの「隣近所とのつながりを壊さないまちづくりを」「生活をうまく続けていけるようなまちづくりを」などの意見を前提に、「地域特性を尊重した計画内容であること」「生活条件に応じた事業手法であること」「合意を得られたところから段階的に実施する事」に重点を置いて議論を進めた。

1）計画における住民の役割

この提案を受け、東京都は事業を開始することになるが、まちづくり検討会は解散して新たに「京島地区まちづくり協議会（以下協議会という）」が作られ、具体的なまちづくり計画を作ることになったわけである。

この協議会は地域住民と自治体（この時点では東京都と墨田区が入っている）、まちづくり専門員（墨田区が委嘱したまちづくりコンサルタント）で構成される。この協議会で「京島地区まちづくり計画（大枠）」としてまちづくりの目標、３つの計画の柱として①生活道路の計画、②建物の計画、③コミュニテイ施設の計画をまとめている。この案を協議会案として地域住民に提示して、住民自ら話し合って決めている。この計画は「計画の大枠」という表現で、京島地区まちづくりの出発点として位置付けられている。

この「計画の大枠」で、各道路の拡幅方向と拡幅後の幅員が決められている。この計画の大枠は、ある意味では地域住民による提言である。この提言は、住民が自ら決めたものであるが、これを実行・実現するのは行政の役割である。さらに道路拡幅等により住居を失う住民も、事業の実現に協力する関係者である。

2）使う立場としての住民の役割

特に計画により実現した成果は、使うという部分では、住民自らが提案したものを使う立場で、問題点や地域の課題を見つけ、事前に検討することが必要である。なぜなら完成した時点でのニーズや需要が変化していくことを見極めることが必要だからである。

取得した用地を防災公園として整備した際には、公園の周囲が住宅に囲まれていることから、夜間の騒音防止の観点から開放時間を地域住民が管理している。このような使う側からの課題を整備に当たっての課題として問題点を明らかにして整備を進めることが必要となってきている。

（２）施策の実行

京島地区まちづくりでの道路整備事業は、都市計画事業ではなく、京島地区まちづくり協議会で決めた「計画の大枠」で示されている道路拡幅の考え方に基づき、任意事業で道路拡幅を進めている。このため、当初の「計画の大枠」の道路幅員を整備していく中で、個別の事情により部分的な線形位置の変更を行っている。これは、８m道路が起終点までの全路線の事業完了をすることが目的であることから線形の変更については、幅を持たしているのが特徴である。

京島地区まちづくり協議会は、その発足から40年が経過している。いまだにまちづくりは続いており、その時々の時代の要請に合わせて住民自ら改善を続けている。このことが、まちづくり団体としての進化であり、まちづくりを継続していく理由といえる。

たとえば雨水利用については、行政が作った雨水貯留槽（路地尊）の使い方として、協議会の中に「水活用勉強会」を作り様々な検討を行い、雨水の活用と新たな提案を行っている（第６章６．２道路整備と雨水利用―京島地区に記述）。

（河上）

〈参考・引用文献〉

江戸川区（1998）『一之江駅付近地区のまちづくり』（パンフレット）

上山肇（2003）「ミニ開発住宅の共同建替―江戸川区一之江駅地区ほか―」『東京の住宅地第３版』（日本建築学会関東支部住宅問題専門研究委員会編集）144-147 頁

上山肇（2004）「共同建て替え・地区計画によるミニ開発住宅への対応―東京都一之江駅周辺地域を事例に―」『都市住宅学』（No.46）特集「築後 30 年近く経過して低廉戸建住宅団地の現状と課題」30-33 頁

上山肇、北原理雄（1996）「スーパー堤防整備の現状と課題―荒川下流沿岸の場合―」『日本建築学会学術講演梗概集（近畿）』529-530 頁

京島地区まちづくり協議会（2017）水活用勉強会検討報告書

国土交通省都市局市街地整備課ホームページ、https://www.mlit.go.jp/crd/city/sigaiti/shuhou/kukakuseiri/kukakuseiri01.htm（2023 年 11 月 28 日閲覧）

墨田区都市整備部（1981）京島地区整備計画（素案）報告書

日本建築学会編（2008）『防災拠点「亀戸・大島・小松川地区市街地再開発事業」』技報堂出版、58 頁

第７章

まちづくり人材の育成、活躍の場と仕組み（組織）

ポイント

ポイント１：今求められるまちづくり人材の育成

ポイント２：“場（学びの場・実践する場）”がまちづくり人材を育てる

ポイント３：人材育成の継承が持続可能な良い“まち”をつくる

7.1　まちづくり人材育成・活躍の場としての仕組みや組織の必要性

まちづくりを実行・実現するためには、市民のボランティア活動など第５章で取り上げた市民参加という言葉に代表される市民の力を欠かすことができない。同時に良好なまちづくりを実現するためには市民の力だけでなく市民に寄り添う自治体と自治体職員のやる気とスキルも必要となる。

人材力といったことについては、総務省でも人材力活性化の取り組みを行っており、総務省人材力活性化・連携交流室で「地域づくり人育成ハンドブック」を作成している。

ここでは特に市民と自治体職員の育成、そしてまちづくりをする上で地域を運営するための組織として期待されているエリアマネジメントについて見ておきたい。

（１）江戸川総合人生大学

江戸川区総合人生大学は学校教育法上の大学ではないが、区民がこれまでの人生経験や知識を活かして、社会貢献を志す方々を応援するために、2004 年に江戸川区が設立した学びと実践の場である。２学部（地域デザイン学部、人生科学部）４学科（江戸川まちづくり学科「テーマ：まちづくり」、国際コミュニティ学科「テーマ：国際交流・共生」、子育てささえあい学科「テーマ：子育て・地域教育」、介護・健康学科「テーマ：地域と高齢化社会」）で定員は全学科共通 25 名となっている。今までに多くの人材を輩出しており、その多くが地域で活躍している。

1）学習形態

講義形式だけでなく、講師や学生が十分な議論を行える少人数のゼミナールを中心に、フィールドワークや社会活動体験、グループ研究など多彩な方法を取り入れて学生が学び、在学中から実践活動に結び付けている。

2）修学期間

就業期間は2年制で、1年次は主に共通基礎科目と専門科目を学びながら知識と経験を高め、2年次には主に社会活動体験や課題研究を行い、課題認識と実践力の向上を目指している。

3）共育・協働の場

総合人生大学は学生と区による"協働"運営を目指しているが、講師陣は学識経験者や専門家だけでなく、区内の人材を区民教授として登用することで"共育"の場を実現している。

4）基本理念（建学の精神）

①「共育」「協働」の社会づくり：総合人生大学は、区民が地域の課題を発見・認識し、その解決に向けて互いに知恵を出し合い、社会貢献へとつなげられる学びのシステムをつくり、こうした住民に支えられる「共育」「協働」の社会を目指している。

写真 7.1　江戸川まちづくり学科のグループワーク

②「ボランティア立区」の推進：総

写真 7.2　グループの発表

写真 7.3　フィールドワーク

（出典：写真はいずれも江戸川区総合人生大学ホームページから写真引用）

合人生大学での学びの中心は実学で、ひとりでも多くの方が学びの成果を地域に活かしていくことで、区民の活動に支えられる「ボランティア立区」の実現を目指している。

③「地域文化」の創造と継承：総合人生大学は、江戸川区固有の産業や歴史、自然等の学びを通して、地域を理解し、地域の新しい文化を創造するとともに、その魅力や誇りを次代に継承していくことを目指している。

（２）自治体職員の育成

まちづくりにおいては、その自治体の職員（担当者）によるところが大きい。有能な職員・やる気のある職員が担当した地区まちづくりは、そうでない職員が担当した地区まちづくりとは内容や質も違ってしまうということは否めない。本来そういうことはあってはならないが、事実、そういうこともあるのではないだろうか。

この職員参加については自らの経験として、都市マスタープランや住宅マスタープラン策定のときに主管課以外の職員（居住していたり、仕事の関係で特に担当する地域をよく知っている職員）が参加していたり、まちづくり条例の検討時にも多くの職員が参加していたが、そのように、今後多くの職員がまちづくりに具体的に参加できる仕組みづくりをすることも必要である。

第6章でも取り上げた一之江駅付近地区の「共同建て替え」は、まちの人々からも「この人（当時担当していた職員）だから実現できた」と言ってもらえたくらい、職員の力によるところが大きかった地区まちづくりである。

自治体職員のまちづくり教育については、最近では法政大学や東京大学のように大学院でまちづくりを教育しているところもあるので、職員が個人的に通学するだけでなく、自治体としても積極的にそういうところを活用しながら職員教育をする必要がある。

また、多くの自治体では、大きく事務職と建築、土木、造園等の技術職に職種が分けられているが、今後、まちづくりを総合的に考えられるまちづくり職といった専門職をつくっても良いのではないかと考える。

（3）地域運営・経営─エリアマネジメントの可能性─

まちづくりでは、出来上がった"まち"がいかに持続可能性を確保していけるのかという課題があり、あわせて持続可能性を確保するための手段・手法にもなり得る地域運営や地域経営をどのように行っていくのかというような課題もある。そうした中で近年、エリアマネジメントの考えがまちづくりの現場では計画段階から広く議論されるようになってきた。各地でこうした取り組みが行われるようになってきてはいるが、実質的にはまだ多くの課題がある。

国土交通省では、持続的社会の形成を目指して、エリアマネジメントとそれを支える担い手の活動をより普及・促進する様々な取り組みを行っているが、全国各地でまちづくりに関する取り組みが行われている中で、住民や事業主、地権者などによるエリアマネジメントに関する自主的な取り組みが各地で進められている。

エリアマネジメントとは、「地域における良好な環境や地域の価値を維持・

向上させるための、住民・事業者・地権者等による主体的な取り組み[1]」と定義されているが、「『良好な環境や地域の価値を維持・向上』には、快適で魅力に富む環境の創出や美しい街並みの形成、資産価値の保全・増進等に加えて、人をひきつけるブランド力の形成、安全・安心な地域づくり、良好なコミュニティの形成、地域の伝統･文化の継承等、ソフトな領域も含まれる[1]」としている。

エリアマネジメントの特徴としては、①「つくること」だけでなく「育てること」　②行政主導ではなく、住民・事業主・地権者等が主体的に進めること　③多くの住民・事業主・地権者等が関わり合いながら進めること　④一定のエリアを対象にしていること　があり、成果としては、①快適な地域環境の形成とその持続性の確保　②地域活力の回復　③資産価値の維持・増大　④住民・事業主・地権者等の地域への愛着や満足度の高まり　といった

図7.1　エリアマネジメントのイメージ

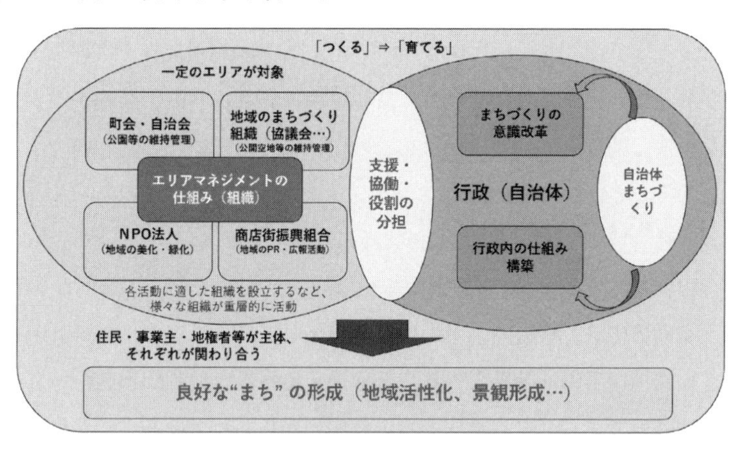

（出典：国土交通省・水資源局『エリアマネジメントのすすめ』の図「エリアマネジメントのイメージ」に著者加筆修正）

1　国土交通省・水資源局（2010）『エリアマネジメントのすすめ』より一部引用

ことが想定される[1]（**図 7.1**）。

住宅地等では、協定などのルールを活用した街並み景観の形成・維持や広場や集会所といった公共の場を共有する人たちによる管理組織（管理組合）、管理をきっかけとしたコミュニティづくり、業務や商業地では、市街地の開発と連動した街並み景観の誘導、地域の美化活動やイベントの開催、広報等の地域プロモーションの展開といった取り組みといったものがある。

また、戸建て住宅地においては、快適で魅力的な環境の創出、美しい街並みの形成、安全・安心な地域づくりなど、多彩なエリアマネジメント活動が展開されることにより、相対的に地域環境の質が高まることが期待されている[1]（**図 7.2**）

図 7.2　戸建て住宅地におけるエリアマネジメント活動の例

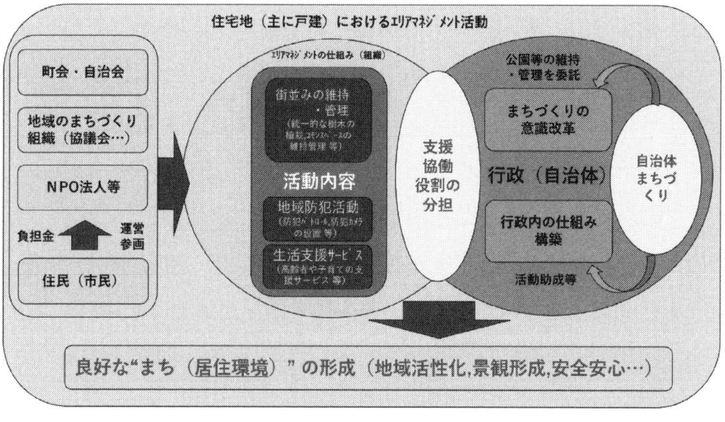

（出典：国土交通省・水資源局『エリアマネジメントのすすめ』の図「戸建て住宅地におけるエリアマネジメント活動の例」に著者加筆修正）

（上山）

7.2　まちづくり職員を育てる試み・すみだまちづくり塾

（1）まちづくり職員を育てる苦労

どこの自治体でも、「まちづくり職」として職員を採用しておらず、23 特別区でも、新人職員の採用職種に「まちづくり職」はない。事務職や技術職など皆さんの自治体で採用している職種とほぼ同じでしょう。私も建築技術職として採用され、地方行政で建築技術職が経験する職場をほぼ経験した。しかし管理職に昇任して最初に取り組んだ木造密集地域のまちづくりでは、まちづくりを経験した職員がおらず、担当職員を育てるのに大変苦労した。

今でもそうだが、管理職の立場で新しいまちづくりの仕事を始めようとするときには、誰を担当にするか頭を悩ませることがほとんどだった。当時の技術職員は建築・土木・機械・電気などを専門職として採用しており、それぞれの専門的な知識を活かす職である。例えば営繕課では、建築・電気・機械等の業務が与えられていた。つまりまちづくりを担当する職員は、ごく普通の事務職員であり、まちづくり専門職員としては誰もいない状況だった。当時まちづくりという仕事の担当は、専門の職員がいるわけではなく、例えば用地取得を経験しているなど何らかの経験があればそれを理由として職員を配置し、とりあえず進めていく状況であった。

私がまちづくりを担当した部長の時に、東京スカイツリー誘致を担当する組織をつくった。誘致活動に予算を確保して人を配置するつもりだったが、誘致がうまくいかなかったときに予算が無駄となることを考え、誘致を担当する職員を専任職として配置しなかった。窮余の策として、他に所属している職員を数名兼務職員として引き抜いたため、当該職員の上司から非難を受けた。また、別掲「京島まちづくり」では、木造密集地域のまちづくりを経験した職員が、私を含めだれもいない状態で発足させ、まさに暗中模索の状態でゼロから学んで仕事を進めて行ったのである。

いつの時代にも、まちづくり職員はなかなか育っていかない。育っていかない原因は、まず1番にまちづくりの仕事は何をやればよいのかわからないことと、経験の無い自分にできるのだろうかと常に不安になることではないか。さらに担当職務が地元対応から関係省庁との調整やコンサルトタントとの協議など、様々な仕事が発生すること。担当する職員はすべてのことに経験がなくても、さまざまな課題に対応していくことが求められており、重圧を受けながら仕事を進めていかなければならないからである。

多くの職員の話を聞くと、自分はまちづくりに興味があると答えるが、仕事の中身と進め方がわからず、自分にできるのか不安があり、なかなかまちづくりの仕事を希望できないという声が聞こえてくる。

全国津々浦々で様々なまちづくりが行われているが、それらのすべてを学ぶことはできない。東京特別区のまちづくりも、地域の実情に合わせてさまざまに工夫しながら進められているので大変参考になるが、それがまちづくりへ関心を持つ職員に伝わっていくことはほとんど無かったわけである。

（2）すみだまちづくり塾の立ち上げ

そこで、私が、まちづくりを担当する部長になった2005年12月に多くの職員にまちづくりとは何かを知ってもらうために「すみだまちづくり塾」を立ち上げた。私のまちづくりの経験を若い人達に引き継いでもらうため、自主研究グループとして時間外の活動を始めた。設立にあたり行政、研究者、コンサルタントなど、これまでのまちづくりを進めてきた経験者に講師を無償でお願いした。さらにまちづくり現場での学習会を開催して、さまざまなまちづくりの現場を学習する機会をつくった。今回この本を共同著者として執筆されている「上山肇氏」「伴宣久氏」にも、それぞれが担当されていた、「江戸川区一之江境川親水公園沿線景観地区まちづくり」や「谷中のまちづくり」などの説明や案内をしていただいた。

1）第１回まちづくり塾

第１回のまちづくり塾は 2006 年２月１日に「まちづくり対談」として元足立区助役と内閣府都市再生本部事務局次長、杉並区部長、計画工房主宰により開催されました。主な内容は、「木造密集地区のまちづくり」をテーマに、お二人の経験による話から始まり、続いて会場からの質疑も加わり、大変意義ある対談となった。

2）第２回まちづくり塾

第２回のまちづくり塾は、まちづくり講座として東海大学教授による「まちづくりから地区計画」を開催しました。これは、代官山アドレス再開発後のさまざまなまちの問題を解決するため、先生と代官山の住民の方たちとの勉強会と活動の経過を説明いただき、先生から解決策として建物高さの規制など具体的な説明があった。このまちづくりの結論として、何回かの勉強会や現地の街歩き調査などを行い、「代官山地区計画案」が提案されたとの説明を受けた。

3）第３回まちづくり塾

第２回目のまちづくり講座を受け、第３回目は、代官山の現地視察を企画し「代官山ステキな街づくり協議会事務局長」に現地の案内をお願いし実施した。このように、できるだけ事前の学習と現地視察を併せて行い、参加する方の理解が深まるように企画をした。4回目以降は、23区のまちづくりを中心に各区の担当課長に直接現地の視察をお願いして説明と視察を進めていった。

参加者へのまちづくり塾開催案内は、これまで参加をしていただいた方を中心に、これまでにまちづくり塾を開催した自治体の職員の方にも声をかけ、少しずつ広がっていった。案内をさせていただいた多くの方は、まちづくりに関心のある方が大半ですが、土日の休日に開催しているため、なかなか予定が合わないことがありました。それにもかかわらず各回の開催に当たり、現場の視察にご協力をいただき、まちづくりの現場を案内していただいた各区の担当課長や職員の皆さまには、心より感謝申し上げたい。

このまちづくり塾も2016年墨田区職員として退職するのを契機として終了した。その後は、墨田区のまちづくりについて見学依頼のあった学生さんたちの案内をボランティアとして続けている。

（3）まちづくり塾のテーマ

まちづくり塾で勉強のテーマとして選ばれたまちづくりは、再開発事業の事例を取り上げて多く開催されている。これは、再開発では権利変換計画が完了後、建物を取り壊して再開発建物が建設されるので、比較的短期間にまちづくりが完成するため、現地の変化を見ることができるからである。このため、再開発では必ず開発前のまちの現状を見て、その再開発が完成したところを再度見ていただけるように企画した。

まちづくりは時間がかかるが、時間の経過とともにだんだんと出来上がっていくので、機会があれば後日再訪するのがもっともよくわかる方法であり皆さんにお勧めしたい。多くのまちづくりは、完成までに長い時間がかかっているが、時間をかけてまちづくりを進められるのは、多くのまちづくり担当者がそれぞれ引き継いでいくからである。筆者も担当した木造密集地区のまちづくり（別掲京島地区まちづくり）では、８ｍ（延長 350 ｍ）道路拡幅整備事業を 30 年かけて完成させている。

（４）これからのまちづくり、人づくり

これからのまちづくりは、その手法も含めて、多種多様なまちづくりが考えられるが、長い時間をかけてまちづくりを完成するためには、担当者の頑張りと、次の担当者に効率的に引き継いでいくことが必要である。

その際に大切なことは、時間とともにまちの変化をよく見ていくことである。なぜなら、過去と現在をよく見ることにより、それが目標どおり進んでいるのかがわかるからである。進んでいなければまちづくりの手法を変えていくことも含めて、まちづくりの成否を自ら判断することが必要である。

表 7.1　すみだまちづくり塾活動実績（2005 年 2 月～ 2013 年 2 月）

実施回	年月日	活動内容
1	2005 年 2 月 1 日	まちづくり対談
		元足立区役所助役 内閣府都市再生本部事務局次長 計画工房主宰
2	3 月 20 日	代官山まちづくりから地区計画
		東海大学教授
3	5 月 27 日	代官山まちづくり
		代官山ステキな街づくり協議会事務局長
4	8 月 19 日	杉並区蚕糸試験場跡地 まちづくり勉強会
		さんし会会長 杉並区まちづくり部長
5	10月 28日	足立区西新井・関原地区まちづくり
		元足立区助役 足立区 まちづくり課長
6	2006 年 3 月 24 日	世田谷区二子玉川 まちづくり
		世田谷区生活拠点整備部長
7	8 月 25 日	墨田区曳舟再開発勉強会 都市機構第二ユニット曳舟事務所
8	12 月 1 日	足立区千住大橋駅前地区まちづくり
		元足立区助役 都市機構第四ユニット ニッピ開発促進室
9	2007 年 3 月 1 日	渋谷駅中心地区まちづくり勉強会
		渋谷区都市整備部長
10	5 月 23 日	まちづくり塾発表会 課題 : 新タワー関連 まちづくり案
11	6 月 14 日	江戸川区一之江境川親水公園 沿線景観地区まちづくり 上山肇江戸川区まちづくり推進課長 江戸川区まちづくり調整課長

実施回	年月日	活動内容
12	10 月 4 日	中目黒駅駅周辺 まちづくり
		目黒区都市整備課長 目黒区地区整備課長
13	2008 年 4 月 18 日	押上・業平橋地区周辺 まちづくり
		墨田区新タワー調整課長
14	11 月 6 日	下北沢 まちづくり
		世田谷区北沢総合支所長
15	2009 年 3 月 6 日	小田急電鉄立体化事業下北沢駅見学
		小田急電鉄下北沢工事事務所所長
16	6 月 26 日	谷中の まちづくり
		伴宜久台東区まちづくり推進課長
17	11月 20日	二子 玉川 まちづくり
		二子玉川東地区市街地再開発組合事務局
18	2010 年 6 月 4 日	京王線立体化事業調布駅見学会
		京王電鉄調布工事事務所区長
19	2011 年 2 月 4 日	白髭防災拠点見学会
		東京都住宅供給公社白髭出庁所長
20	2011 年 6 月 30 日	千住大橋駅周辺地区 (ニッピ開発)
		足立区 まちづくり課長
21	9 月 29 日	曳舟・京島地区まちづくり
		(株) 佐藤総合計画 UR 都市機構墨田区都市再生事務所長
22	2012 年 7 月 25 日	両国観光まちづくりグランドデザイン
		墨田区都市計画課長
23	2013 年 2 月 1 日	両国観光まちづくりグランドデザイン
		(公財) 東京都慰霊協会常務理事

（河上）

7.3　下町塾の取り組み

（１）下町塾の役割とまちづくり人材の育成

私が、まちづくりが全くわからない状況でまちづくり推進課長に就任したのは 2017 年のことだった。まず第一には、具体的な開発に向け動いている３箇所の地域協議会対応、その他、区内に 10 箇所以上あるまちづくり協議会の軌道修正であった。

最後は、まちづくりの地域人材の育成のためにあった下町塾の運営であった。この章では人材育成を扱うので、地域の人材育成に資する下町塾について書くことにする。下町塾のスタートは、今を去る 29 年前の台東区まちづくり公社の事業による。当時、公社が直接関わる２箇所ほどで再開発を検討または、まちづくりを仕掛けている地域があり、その地域の区民のために、まちづくり人材の育成を目的として下町塾が始められた。

当初は、平日の夜に専門家を呼んで、講演会を実施するものであった。塾を卒業した方に、まちづくり人材として、協議会を立上げていただき、新たな団体としてまちづくり活動を担っていただくことを期待していた。

下町塾については、公社を解散後も都市計画課が事業を継続していて、これまでは、経験のある、まちづくりコンサルタントの先生による座学方式で、平日の夜ということもあり年齢層の高い方向けの無料の教養講座という趣であり、そのため参加者が、どちらかというと高齢者層に限定されていることと下町塾自体のマンネリ化が指摘されていた。

（2）きっかけは、馬鹿者の話だった

そんな折、講演会の講師について都市計画課長から相談を受けた。

これまでは、まちづくりの著名人をお呼びしていて、私にも話の内容は、満足の行くものだったが、マンネリ化の指摘があることも承知していたので、考えてみますと答えた。少し考え始めるとこれまでの内容と全く違う視点で、住民サイドからまちづくりを進めている人が、講師として面白いのではないのかという視点で色々調べた。その結果、新潟県村上市でまちなみを守るために行政の都市計画道路事業に反対する老舗のお店の店主のＫ氏にお願いすることを思いついた。

村上市は、新潟県最北かつ最東の市である。かつては村上藩の城下町として栄え、現在でも市中に武家町、商人町の面影が残っており、皇后雅子様の先祖、小和田家ゆかりの地でもある。行政が行政と対峙しながらまちづくりを進めているこのＫ氏を講師としてお願いするというアイデアは、すこし不安だったが、都市計画課長に相談すると、快く、「一任するから」と言われた。そこで、担当係長から、本人にコンタクトを取り、講師就任の依頼のために、村上市に向かった。Ｋ氏は、村上の出身だが、東京の大学を卒業して、しばらく東京で働いていたが、家業のシャケの燻製を製造販売する会社を引き継ぐため地元に戻っていた。講座の趣旨を話すと快諾してもらった。

講演会当日は、村上市の歴史をお話しいただき、都市計画道路事業が街並みを壊し、大事なものを無くしてしまう事実、危機に対して行政と戦うことを決心して、講師自らが地域の銀行の頭取の住んでいた古民家にお住まいで、まちの歴史を生かすような古い建物の活用、黒塀を復活して修景事業を進めていることを話していただいた。参加者からのアンケートでも講師の地域に対する強い愛情と具体的な取り組みを聞けて、とても良かったと、非常に好

評であることがわかった。

（３）これまでのまちづくり協議会

これまで、行政の期待通り、下町塾の卒業生の一部は、各地のまちづくり協議会の主要メンバーとして活躍したり、区のまちづくり計画の策定委員として活躍をいただいていた。当時、各地のまちづくり協議会の事務局を担当していたのは、私の所属するまちづくり推進課であった。当時、毎日のように、夜、各地の街づくり協議会に参加することを課長として義務付けられていた。

当時の協議会は、下町塾の卒業生以外にも、町会長など役員や商店街代表など地域の重鎮が数多く参加していて、毎回、メンバーの問題意識が述べられ、区が解決すべきと言う感じであり、住民が具体的な活動をする意識は皆無であった。提示された課題も他の行政の課題や民間事業者に対応してもらえないと簡単に解決、実現できないことだらけで、私は彼らの不満の矢面に晒される役割であった。

流石に毎晩そのような状況になると、ストレスは最高潮になった。協議会の状況を知っていた区の幹部も私のメンタルがおかしくならないように、適度に休暇を取るように助言をくれた。

一方、当時、区は事業全般について行政評価を進めており、まちづくり協議会の支援の行政評価は協議会の数であったので、簡単にまちづくり協議会を辞める判断はできなかったものの、「何のために皆が集まって議論しているのか。」、「地域の住民は何をするのか。」といった本質的な議論が欠如していた。

今後のまちづくり協議会への対応方針を上司に相談すると、目的の明確化、行政との役割分担の明確化、さらに、まちづくりは、本来地域の方々が主体的に活動すべき事柄であることを自覚していただくようにとのご意見をいただいた。そこで、ふと考えたのは、参加している住民の意識を変えて行くには協議会への対応を見直すだけでなく、まちづくり人材を育てる目的の下町塾のありようを変える必要があると認識し、翌年度から下町塾をまちづくり推進課で担当することを希望した。

（4）下町塾の改革に着手した

翌年度早々から、秋の下町塾の開催に向け、抜本的な改革に着手した。まず開催日については、様々な区民の方が参加しやすい様に土日開催とした。このことで、現役世代でまちづくりに興味を持つ方の参加が可能になった。

次に、参加者枠についても、区民在住在勤の枠を外し、まちづくり系の学部のある大学にも案内を送付した。若者の参加については、高齢者の参加者が多かったこともあり、発言できるか心配であったが彼らは立派に意見や考えを述べることもできたし、聞く側の高齢者もあたかも自分の孫と会話しているかのように、彼らの発言を傾聴してくれた。

講師についても実際のまちづくりの経験を語っていただきたかったので、まちづくりに直接関与している学識経験者や公務員、コンサルタントが、メンバーとして多く所属する都市計画家協会[1]に講師を推薦してもらった。

さらに、推薦された講師と相談して講座のあり方を全面的に見直した。まちづくりの基礎は、座学を行う部分と参加者がより現実のまちづくりを体感できるように、ワークショップに分けた。ワークショップのメンバー構成についても、性別と年齢が偏らないように考慮した。

ワークショップ自体もより、リアリティを持たせるために、区内で実際にまちづくりが進んでいる地域や、これからまちづくりを進める地域を対象に

1　**ＮＰＯ都市計画家協会**
　都市、地域計画の専門家、まちづくりに興味のある人、街歩きの好きな人など多様な人が参加してまちづくりで社会貢献をしようと自主的に活動している団体。

し、さらに対象地域の方にヒアリングをし、意見を交換しながら、まちづくり提案をする形式を導入した。提案の発表は、地域の町会の役員さん達にも聞いてもらった。

下町塾の運営に関しても下町塾の卒業生の方々に運営の支援をボランティアで行っていただき受講生とのネットワークを構築していただいた。この抜本的な改革は、参加者に非常に好評で、区議会の議員も参加して頂いて議会の場でも評価していただいた。

（５）多様な方々の参加で、まちづくり人材の意識が変わった

下町塾を開催する都度、都市計画家協会の講師と斬新な企画を考えた。下町塾参加者を対象に希望者には、都市計画家協会のまちづくり検定[3]を受講していただき、最後の試験を実施することで参加者のまちづくり意識の醸成に役立っている。これらの改革に協力してくれたのは下町塾の卒業生の会のＫ会長という、まちづくりに積極的な方で、下町塾受講者の会への勧誘、懇親会の実施、卒業生によるワークショップ支援など、区内の様々なまちづくり活動の支援を担っていただいている。さらには、数年前にＮＰＯ法人を立ち上げ、現在は下町塾の運営を区から受託していただいている。嬉しい誤算は下町塾で育成した人材が現在、区のまちづくりの職員として第一線で働いていることである。(伴)

2　**ＮＰＯ法人まちづくり台東**
　台東区において地域住民との交流を通して信頼関係を構築し、一緒に地域を盛りあげることを目的に活動している団体。

3　**まちづくり検定**
「例えば小さな取り組みでも自分たちのチカラで実践すること」が大切との考えのもと、その基礎を学ぶ方法の一つとしてNPO都市計画家協会により事業化されたもの。

7.4　京島地区まちづくりにおける職員育成の実践

今から40年も前、「まちづくり」という言葉が使われはじめた時代のことである。東京都墨田区の京島地区[1]は、戦前からの木造住宅密集地区のひとつである。東京都は昭和50年代半ばからこの地区の防災性の向上を目的として、まちづくりに取り組んできた。当初「住環境整備モデル事業」をメインの事業手法として取り組んできた。事業を担ったのは東京都の住宅局(現在住宅局は廃止されている)である。この事業は住宅地区改良事業の手法の流れを汲んで作られた国の要綱事業である。老朽住宅(不良住宅)を買収・除却し、その跡地に公営住宅を建設して従前居住者を入居させて事業を進めようとした。

主要生活道路整備については、都市計画決定を伴わない任意事業で進めることとしていた。細街路の拡幅整備などは手つかずといった状況であった。そのような中、1990年に国の事業認可変更が行われ、東京都から墨田区へ事業主体が移管された。それまでの東京都に替わって墨田区が「京島地区まちづくり」に取り組むことになったのである。今に続く木造住宅密集地区における墨田区のまちづくりのスタートであった。

1　**京島地区**

東京都墨田区京島地区は、関東大震災後、工場労働者や職人用の長屋が建てられ形成されたまちである。戦災＊を受けなかったため、戦後の復興期に人口が集中し、1965年の国勢調査では25ヘクタールに15,274人(610人/ha)という超過密となっていた。その後、1973年のオイルショックを経て人口の減少と建物の老朽化が進み、ことに防災をはかる観点からまちづくりの必要性が高まっていた。

＊墨田区は東京大空襲(1945年3月10日)で区の約8割を超える範囲が焼失しているが、京島地区は火災から残った地区である。

（1）まちづくり課の誕生―公社職員との協働―

墨田区は京島地区まちづくりを担当する組織をつくることになり、東京都では住宅局が担当してきたため、技術系の職場である土木部、建築部のどちらが担当するかを検討した。結局、事業の移管事務を担当した開発促進室（建築部のスタッフ組織。室長は部長級の建築職）が担当することとなった。建築部に「まちづくり課」が誕生したのである。詳しい経緯はわからないが、土木部は事業に乗り出さなかった。

墨田区は区内のまちづくりを進めるため、これより先、1982年に設立していた財団法人墨田まちづくり公社（以下「公社」という。）[2]を活用することとし、まちづくり課の職員には区役所と公社の職員で体制を組むこととした。その中で建築技術職と事務職とを組ませ、事業に取り組むことになった。

京島まちづくりの取り組みの拠点となったのは「京島まちづくりセンター」である。京島地区内のプレハブ造りの２階屋で、１階の狭い事務室に10人が詰めた。夏は冷房を利かせるので何とかなるが、冬の寒さは耐え難いものがあった。女性職員がいるので、更衣室を新設し、トイレも男女共用だったのを筆者が営繕課出身ということもあり、課長として赴任する直前に改修することができた。

2　**財団法人墨田まちづくり公社**

1982年墨田区が設立した公社で、自治活動の振興と住民主体による市街地環境の整備を推進することを目的として設立された。

京島地区まちづくりでは、まちづくり協議会の事務局となったほか、全国で初めてとなる不燃化助成金を活用した不燃化建替え誘導を行ってきた。現在、地区内の区立公園や緑地とコミュニテイ住宅の管理を行っている。まちづくり協議会の事務局としての活動は40年を超える。

（2）ゼロからの出発

まちづくりを進めるにあたって、まちづくり課は、すでに東京都が策定した事業計画を、墨田区の計画として作り変える必要があった。従前居住者用住宅建設計画、主要生活道路の拡幅と緑地の整備といった事項である。これに加え、事業用地の取得折衝や道路の拡幅に向けての諸手続き、地元との話し合いの場であるまちづくり協議会の事務局など、きわめて幅広い仕事をこなすことが必要となったわけである。用地の取得ひとつをとっても経験者はおらず、ゼロからの出発であった。

最初の仕事は、東京都から引き継いだ主要生活道路の実現を図るための用地の買収である。職場の誰もが経験していない仕事であり、たとえば、地権者との契約では引継ぎが十分でないため突然条件が変わることへの対応には困りはてた。今から考えると引継ぎがきちんとされていれば、なんということもないが、当時は不慣れだったというしかない。

（3）住民が気楽に立ち寄るセンターに

まちづくりセンターには住民が気楽に出入りしていた。住民が一升瓶を持ち込み、職員と酌み交わすこともあった。「どぶろく」をセンターの冷蔵庫にボトルキープしていく住民もいた。普通の職場では考えられないようなことである。また、まちづくりに限らず、様々な相談が持ち込まれるなど、住民と墨田区との距離が予想以上に縮まった。まさに「現場における総合的な解決」を実践したのである。

そんなまちづくりセンターであったが、まちづくりのあり方や仕事の進め方などについての議論はたいへん盛んだった。決めるべきことがあれば全員参加で議論するなど、「風通し」がよく、職員のモチベーションは高かった。墨田区の本格的なまちづくりの創成期に相応しい状況であった。

そうしたまちづくりセンターでの経験の積み重ねが職員一人ひとりの能力の向上や組織としてのハウツウの蓄積につながっていったと考える。住民との話し合いは夜間に及ぶこともしばしばあり、残業も多かった。さいわい職員の多くが若く、近隣自治体に住んでいたのにも助けられた。

（４）かえってスムーズな住民対応ができた

「京島地区まちづくり」は、東京都における木造住宅密集地区のまちづくりのトップランナーとして今に至っている。

当初、仕事を進めるにあたっての組織作りは、十分な検討がされず土木行政、営繕、用地取得、住宅管理など、幅広い分野にまたがるにもかかわらず、当時の墨田区の既存の担当部門に委ねることができなかった。このため、現地に事務所を設け、まちづくりセンターの職員が一丸となって取り組んだ結果、かえってスムーズに住民に対応することができた。

墨田区の既存の組織に仕事を分担してもらうことが難しかった状況のなか、いっそう一つの組織でまちづくりに関わるすべてを行いたい、との筆者の考えは無謀と思われたかもしれない。それでもまちづくりセンターは、次々と生じる新たな問題・課題へ何とか対応することができた。同時に、職員すべてが日々の仕事を通じ、学び続け、達成感を得られたと思う。

（５）職員の育成に大きく貢献

私たちがの詰めたまちづくりセンターは、現在は使われていない。しかし、いまなお、京島地区にはかつてのセンターと別に、公社の事務所が設けられ、地元と墨田区とをつなぐ場となっている。

京島地区まちづくりは、その後、地方自治法の改正をきっかけに墨田区の職員と公社職員との一体化した現地事務所での勤務は無くなったが、墨田区が現在も主要生活道路の拡幅事業を中心に取り組みを続けている。

以上のように、京島地区まちづくりでは、現地にまちづくりセンターを拠点として置き、職員がそれまで経験したことのない仕事に力を合わせ取り組んだ。そうしたまちづくりを現場で体験した職員がいまでは墨田区のさまざまな部署で活躍している。

京島地区まちづくりは、住民をはじめ多くの人びとの暮らしの場をより安全で暮らしやすいものに近づけた。と同時に、まちづくりセンターが公社の仕事の進め方を取り込んだ結果、墨田区のまちづくりはもとより、幅広い分野を担う人材の育成に貢献したのである。

（河上）

7.5　市民協働によるボランティアのあり方
―江戸川区子ども未来館の事例から―

近年、市民との「協働」については、地方自治の分野においてまちづくりの取り組みに欠かせないものとして考えられている。そうした中で、コミュニティ・スクールが地域と協働しながら子どもたちの豊かな成長を支え、「地域とともにある学校づくり」を進める仕組みとしてでき、学校と地域との関わりといった観点で注目されているが、学校以外の「学びの場」も子どもの教育における地域との連携・協働のあり方をみるときに注目すべき対象として捉えることができる。

ここではその点に着目し、公共施設として江戸川区が運営している「江戸川区子ども未来館」を事例に、この施設を支えている市民（区民）ボランティアへのアンケートを通してその実態を調査することにより、ボランティアの立場から“子どもの学びの場”を通した市民との協働のあり方について見てみたい。ここでも 7.1 で紹介した江戸川区総合人生大学の卒業生たちが活躍している。

（1）子ども未来館の概要

1）子ども未来館の特徴

2010 年 4 月、旧図書館跡地を利用し「江戸川区子ども未来館」が建設された。この施設は、アカデミー（学びの機会）とライブラリー（図書館）の二つの機能を合わせもっており、子どもたちの探究活動の拠点基地となっている。また一般の展示型の科学館や博物館とは異なり、区の自然や産業、人材等あらゆる地域資源を活用して体験しながら継続的に学べる機会が提供されている。そしてこの施設の特徴としては、区民講師やボランティア、専門家、専門機関と共に学校では行うことが難しい幅広い分野のプログラムが開発されており、アウトリーチも積極的に行いながら運営されている。

2）子ども未来館の取り組み

子ども未来館の取り組みは独自性に富んでおり、区民と行政が一体となって江戸川区ならではの自然や産業、人材といった地域資源をフルに活用し、多くの専門家や専門機関と連携しながら幅広い分野のテーマを専門的・継続的に体験しながら学ぶ機会を提供している。

3）実績

この施設が開館してから既に 13 年が経過したが、これまでに実施した講座や教室数は延べ 3 千回を超え、参加した子どもの数は延べ 5 万人を超えている。プログラムの開発にあたっては子どもたちが探究心を継続して持てるように工夫しており、継続するためのプログラムの代表的なものとして「ゼミ」がある。この「ゼミ」により、子どもたちは科学や自然、歴史や文化などの幅広いテーマについて半年から 1 年間かけてより深く学ぶことができている。

（2）ボランティアへの意識調査

子ども未来館の協力を得て、この施設でボランティア経験のある方々に対してアンケート調査を行ったことがある。調査方法は以下のとおりである。

1）対象及び実施期間

2016年9月10日～9月24日（2週間）にかけて子ども未来館に登録している267名に対してアンケート用紙を送付し返信してもらった。回答数は65件（回収率24％）であった。

2）調査内容

調査内容としては、①性別・年代　②居住区・在住年数　③職業　④ボランティア歴　⑤参加頻度　⑥満足度（講座の分野・内容、理解・反応、連絡協議会）⑦継続意思　⑧自由意見　である。

（3）調査結果

調査結果の主なものについては下記のとおりである。

1）性別・年代

男性55%、女性43%、不明2%と若干男性が多い。年代については50～60歳が31名（48%）と最も多く、続いて70～80歳が19名（29%）、10～20歳が12名（18%）であった。10～20歳については、子ども未来館で学んだ直後の中学生の割合が多いことが未来館職員へのヒアリングからわかった。また、「定職無」16%（17名）に対し74%（48名）が現役の方々である。仕事を持ちながらも地域のために働こうとする意識の高さがうかがえる。

2）職業

職業については、「会社・商店・工場等に勤務」が13名（20%）、続いて「学生」が12名（18%）、「会社・商店・工場等の自営業」が11名（17%）、「公務員」と「主婦」がそれぞれ９名（14%）となっている。１）の「年代」でも触れたが、子ども未来館で学んだ直後の中学生の割合が多い。

3）ボランティア歴

ボランティア歴については、３年以上が 44 名（68%）と圧倒的に多く、継続性が高いことがわかる。

4）参加頻度

参加頻度については、「1 か月に 1 回程度」が 26 名（40%）、続いて「毎月（1 回以上)」が 15 名（23%）と両方合わせて 6 割を超え、無理なく参加していることがわかる。

5）ボランティアとしての評価

①満足度について：「概ね満足」が 36 名（55%）、「たいへん満足」が 23 名（35%）と両方合わせると 90% となり満足度は高い。参加して良かった点として、自身の「学び」になると答えた方が 49 名（75%）と最も多く、「楽しみ」30 名（46%）、「成長」28 名（43%）、「ひろがり」19 名（29%）、「やりがい」18 名（28%）と続いている（**図 7.3**）。反面、悪かった点としては「人間関係」や「精神（プレッシャー）」と答えた人が若干いるが、「無」と答えた人が多い（**図 7.4**）。

図 7.3　満足度（良かった点）

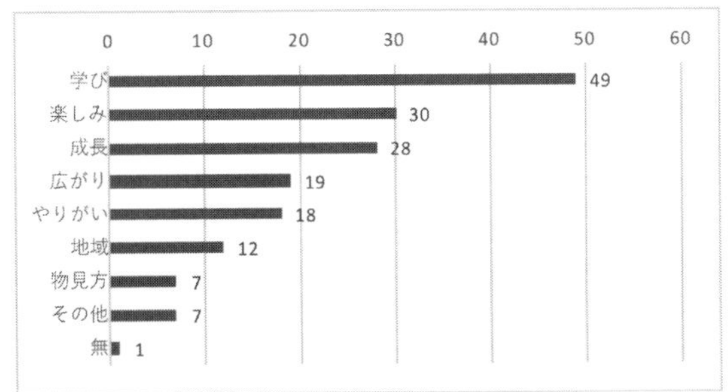

②講座の内容・分野について：開催されている講座の内容・分野

については、「概ね満足」が39名（60%）、「たいへん満足」が20名（31%）と両方合わせると91%となり満足度が高いことがわかる。

図7.4　満足度（悪かった点）

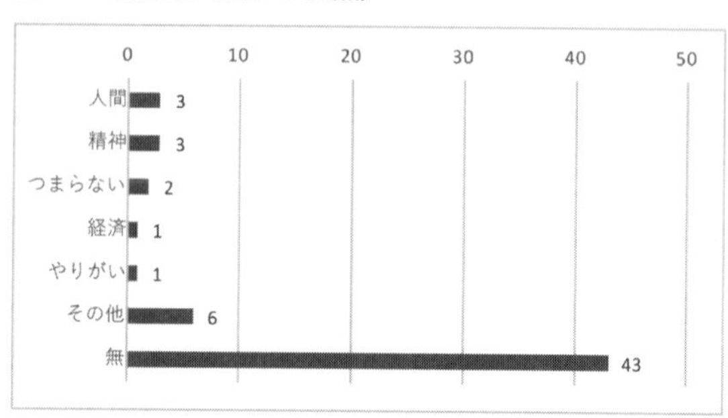

③理解・反応について：理解・反応については、「概ね満足」が38名（58%）、「たいへん満足」が19名（29%）と両方合わせると87%となり、満足度が高いことがわかる。

④連絡協議会について：子ども未来館の運営について、スタッフとボランティアとの情報交換や調整の場でもある連絡協議会への満足度に関しては、「無回答」が24名（37%）と多い。そして、「概ね満足」が25名（38%）、「あまり満足していない」が25名（15%）、「たいへん満足」が6名（9%）と「無回答」と「あまり満足していない」を合わせると52%となることからも満足度が高いとは言えない。

6）継続の意思

市民ボランティアとしての継続の意思については、「思う」が54名（83%）と圧倒的に多い（**図7.5**）。自由意見でも満足度のところにあったように、「自分自身の学び」や「楽しみ」、「やりがい」といったことが理由となっている。今後、ボランティアを継続するために必要なこととし

図7.5　継続の意思

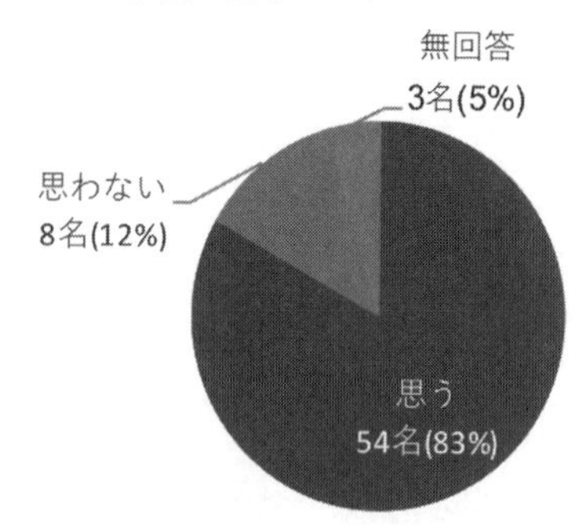

て「時間」と答えた方が最も多かったが、意見の中には「時間の確保については自分の意識の問題」との声もあった（**図7.6**）。

図7.6　継続するために必要と思うこと(単位：名)

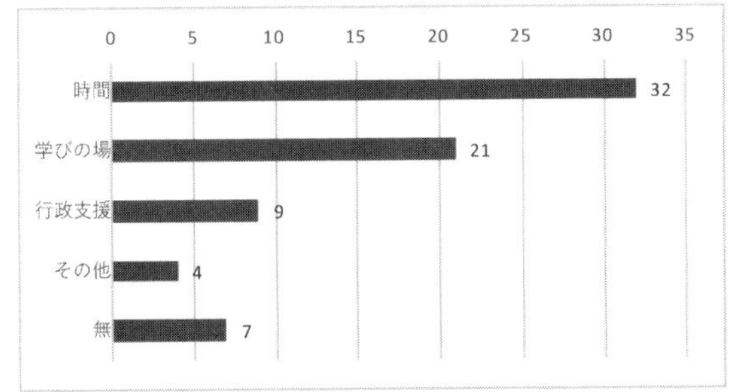

（4）アンケート調査から得られた知見と今後の課題

子ども未来館で活動してきた市民ボランティアへのアンケートの結果から、次のようなことがわかった。

1）アンケート調査より得られた知見

①市民ボランティアの継続性が高い：ボランティア歴から、継続してボランティアをしている人が多いことがわかった。このことは居住年数とも関連しているが、地域を愛する気持ち・地域のために働きたいという気持ちが高いことと関係がある。

②無理のない参加：参加頻度からは、市民ボランティアは無理なく参加していることがわかった。ボランティア活動の持続性（継続性）を保つためには「無理なく参加することができる」ということも大切な要素となる。

③ボランティア自身の"学びの場"としてのやりがい：ボランティア自身が参加することにより、単に楽しいというだけでなく、ボランティア自身の"学びの場"にもなっていることがわかった。このことから、多くの市民ボランティアが参加することにやりがいを感じていることがうかがえる。④連絡協議会への満足度の低さ：施設運営については、スタッフとボランティア

との情報交換や調整の場でもある、年6回行われている連絡協議会への満足度が低いことがわかった。

2）今後の課題

今後の課題として、以下のことが挙げられる。

①人材の発掘・育成：子ども未来館では、市民ボランティアの継続性が高いことがわかったが、今後の新たな人材の発掘と育成が課題といえる。特に子どもの学びにボランティアの果たす役割が大きいため、ボランティアとして活動する際の準備については慎重かつ十分に行う必要がある。また、時間的にも余裕をもってボランティア活動をしてもらうためにも新たな人材を発掘していく必要があり、育成という点では、ボランティア育成の場ともなっている既存の江戸川総合人生大学との連携も必要である。

写真 7.4　子ども未来館全景

写真 7.5　筆者が担当している川ゼミの様子（筆者撮影）

写真 7.6　市民ボランティアを囲んだグループワークの様子（筆者撮影）

②連絡協議会の運営の工夫：連絡協議会への満足度が高くなかったことからも、運営者はボランティアにとって必要な情報が得られる有益な場を提供するなど、連絡協議会の運営の仕方には工夫をする必要がある。

③参加した子どもたちへの影響・効果の調査：子ども未来館が行っているゼミ等に参加した子どもたちが、その後の学

習や進路に際してどのような影響（変化）や効果があったかということについてもボランティアの視点を含め、客観的に評価することも必要であろう。

（上山）

〈参考・引用文献〉

上山肇（2000）『職員参加による「まちづくり条例」の策定―まちづくり条例に関する研究 その1―』『日本建築学会大会学術講演梗概集（東北）』761-762頁

上山肇（2011）「まちづくりの理論と実践」法政大学博士学位論文

上山肇（2019）「市民協働におけるボランティアのあり方に関する研究―江戸川区子ども未来館を事例として―」『自治体学』(Vol32-2)「自治体学 研究ノート」48-51頁

上山肇、加藤仁美、吹抜陽子、白木節子（2004）『実践・地区まちづくり』信山社サイテック

国土交通省土地・水資源局（2008）『エリアマネジメント推進マニュアル』

国土交通省土地・水資源局（2010）『エリアマネジメントのすすめ』

財団法人墨田まちづくり公社（1993）『京島地区まちづくり協議会のあゆみ』

第8章

次世代につなげる“まちづくり”

―実効性のあるまちづくりの創造に向けて―

（まちづくりの評価・効果と提言）

ポイント

ポイント1：“まちづくり”は評価すること・されることによって成長する

ポイント2：市民に必要な“まちづくり”とは

ポイント3：こうすること（提言）によって“自治体まちづくり”は実現する

8.1　まちづくりにおける評価
（評価の必要性と評価の方法）

（1）評価の必要性

まちづくりを研究する中で、必ずでてくるのが「まちづくりの評価」ということである。単に“まちづくり”をするのではなく、実現した（実現しつつある）まちを評価し次に繋げていくことが大切である。

この評価については、いろいろな仕方があるかと思うが、具体的にまちづくりをすることによって、何が良くなり都市環境等にどのような影響を及ぼしたのかといった観点でみることが必要である。

特にまちづくりとなると、とらえる対象によっては非常に抽象的なものになってしまうこともある。私の場合、親水空間に関する研究を続けてきたが、当初、親水空間が周辺の都市環境、例えば土地利用やコミュニティ形成などにどのような影響を及ぼしているのかということに着目し研究を進めた。こうしたことも「公共施設整備がもたらす効果を探る」という意味で、まちづくりの評価ということになるだろう。

また最近では、経済に及ぼす効果に関する研究もされるようになってきたが、この観点も大切なことである。自身の研究として、計画やルールによる地区計画に代表される地区まちづくりが結果として経済的にどのような影響があるのかということをヘドニック・アプローチの手法を用いて分析したこともある。

このように、まちづくりにおいても最終的には評価が求められる時代になっている。今まで行政（自治体）が行ってきたまちづくりでは、単に箱モノをつくることはしても、それがどのように周辺環境や人に影響を及ぼしているのか（及ぼしてきたのか）といった“評価”をすることをしてこなかったように思う。正にこの“評価”こそ“まちづくり研究”であるのではないかと考える。

（2）評価の方法

このようにまちづくりにおいては、行政はしばしば事業を含め、取り組んだことに対してやりっぱなしになってしまっていることが多いが、一定の時期にきちんと行政あるいは誰かが評価することが必要であり大切なことである。しかし、なかなか実現できないのが現状であろう。

評価には先ほどのヘドニック・アプローチ以外にもCVMやAHPなど様々な分野でいろいろな方法があるが、こうした評価手法を用いて評価するだけでなく、例えば自治体が自らの事例をきちんと整理して紹介し、第三者（学会や評価機関）に評価してもらうということも評価ということに関しては重要である。

江戸川区は船堀駅周辺地区において東京都で初めて地区計画を策定した自治体であるが、策定してから40年が過ぎようとしている今、改めて区全域で地区計画の評価をしようとしている。こうした取り組みも今後のまちづくりを考える時、自治体として大切なことである。

（3）ヘドニック・アプローチによる検証

以前、まちづくりの影響・効果について評価することができないかということを考え、ヘドニック・アプローチの視点から研究したことがあるが、結果として、現在の土地評価については想像していたように現状の「指定容積」が土地価格を決定する上で最も大きな要素になっていることが改めて確認できた。特に商業系での高容積が大きく効いていた。

アメニティ環境ということについて言えば、研究対象としていた江戸川区の全域において最寄り公園の面積が土地価格に影響を及ぼしていることがわかった。このことからも、近接公園があるかどうか、あるいはその公園面積といったものが効いていることがわかる。しかし単に公園の有無や公園までの距離ではなく、公園の規模や内容といった質的なことが求められてきていることが予想される。また、東葛西五丁目付近地区の事例から「水辺距離」の影響があるという結果が得られたことから、「水辺」というアメニティ要素もアメニティ環境を構成する上で重要であるということができよう。

しかし、それら以外にも、アメニティ環境を確保していくための制限（ルール）となる地区計画区域や具体的制限である「壁面線」といったものが、まだ十分に評価されていないことを改めて確認することができた。分析結果から唯一「高さ制限」に関する評価がされていたことは特筆すべきことである。

このように、地区まちづくりにおけるアメニティ環境の評価を考えるときに、アメニティ環境を確保するための「壁面線」や「敷地面積の最低限度」といった項目が実際には効いていないことから、今後、これらのアメニティ環境向上手段としての位置づけを明確にするとともに、土地価格算定の上で基準を設けるとともに浸透させていく必要性がある。

この研究を進める過程で、地価がどのような要素で決まっているのかを知ることを目的に、地元不動産協会代表にヒアリング調査も行った。そこにおいて「アメニティ環境を評価し、不動産価格に反映させることは必要なことだと思うが、現時点ではまだ実際には地場を守ろうとする地元業者の考えとは裏腹に、都心業者の価格に引っ張られてしまっている」とのことだった。

この研究から特に、公園の面積が効いていることがわかったが、この結果が江戸川区独自のことなのか、そうでないのかといったことを知るためにも周辺区についても同様の分析を行うことが必要である。今後、アメニティ環境の価値基準を明確にしていくためには、住民だけではなく、行政や不動産鑑定士等の実際に評価している側への啓発啓蒙を一層進めるとともに、その環境の価値をしっかりと評価し不動産価格へ反映できる仕組みを構築することが求められる。

（上山）

8.2　都市再生特別地区とその他の都市計画制度の外部効果

（１）研究に取り掛かるまでの経緯

私はまちづくり推進課長の経験で、二つの地区計画の中で、容積率緩和が開発のインセンティブになることを実感した。まちづくりは、その目的を達成するために規制と緩和を上手に使いながら、求められる街の将来像を実現していくことである。区の上層部からも、「まちづくりを進めて、なんのメリットがあるのか」「短期で目に見える効果が出ないなら、やる必要はないのではないか」とまで言われたことを覚えている。

当時、行政評価で区の予算事業を評価する動きがあったが、何を評価指標にするのかで行政評価を担当する部署とも話し合ったが、明確な答えは見つからなかった。その頃、大学時代にお世話になった当時は助手の先生で、現在は他の大学で教授を勤めている先生から、自分の大学院で、社会人として研究し、その成果を実際の仕事に活かして見てはどうかと数年前からお誘いを受けていた。授業料のこともあるが、研究に専念できるかについてしばらく考えたが、お世話になることを決心した。

志望した学科は、都市環境を客観的に分析する都市解析という分野の研究で実績を出しており、私が興味を持っていたまちづくりの効果を研究するのには最適であった。入学前から、どんなことを研究したいのかヒアリングやアドバイスを受けながら、自分の大学院生としての研究テーマを考えた。

当時、都市再生という言葉が首都圏を中心に全国の大都市で話題になっていた。東京でも千代田、港、中央区といった都心区を中心に都市再生特別措置法を根拠とする都市再生緊急性地域指定による巨大な開発が次々に進んでおり、指導教授と話し合い、この制度と影響について評価することを研究テーマに設定することとした。

（2）都市計画における平成の徳政令

都市再生特別措置法を背景としたこの都市計画の制度は、「近年における急速な情報化、国際化、少子高齢化」等の社会状況の変化に我が国の都市が十分対応できたものになっていない状況に鑑み、これらの情勢の変化に対応した都市機能の高度化及び都市の居住環境の向上を目的とした2002年から2016年までの時限立法であった。この制度の特徴は、国が「都市再生の拠点として、都市開発事業等を通じて緊急かつ重点的に市街地の整備をする地域として定める都市再生緊急整備地域内」で「国の都市再生本部の定める整備計画に基づき都市再生特別地区を定めることができる。」としたことで、都市計画の決定権限が国に委ねられていて、既存の都市計画制度では基盤整備や公共貢献など従来では考えられない大胆な規制緩和措置が与えられ、都市計画の研究者の間では、「平成の徳政令」とも言われていた。

研究を始めた当時（2015年）の時点で、全国12地域3,894ha、東京都内で8地域2,903haの都市再生特別地域の指定では、23区内、32箇所の都市再生特別地区が定められていた。

（3）都市計画制度の外部効果

効果の測定法については、既往の都市計画制度の効果の測定に使われているヘドニックアプローチを使うこととした。この方法は、目的とする変数を定めて、その変数が、どういう複数の変数に影響されるかを分析する手法であるが、今回は「社会資本の便益は、ある一定の条件下では、地価の上昇に帰着する」というキャピリゼーション仮説に基づき、公示地価、基準地価を目的変数とした。

さらに、様々な試行の結果、最終的に地積、前面道路幅員、最寄り駅までの時間、東京駅までの時間、容積率の増大を伴う都市再生関連、高度利用地区、高度地区、再開発促進区を定める地区計画、商業用地比率、住居用地比率、事業所密度、従業者密度等の 26 の変数を説明変数として用い、道路、公園等の整備状況の影響が少ない、すでにこれらの都市基盤の整った千代田区、港区、中央区と自分が勤務していた台東区を対象に分析を行った。

（4）ヘドニックアプローチの分析結果

分析は、各区毎、千代田区、港区、中央区を合わせた３区の分析、さらに台東区を加えて４区の分析をした。その結果、千代田区においては江戸時代の都市構造、江戸城（現在の皇居）を中心とした構造を背景に、明治以来の中央官庁集中計画、東京市区改正条例に基づく公共公益施設整備の影響や高度利用に対する需要の高さが判明した。中央区については 1998 年、2000 年に銀座、八重洲地区で定めた機能更新型高度利用地区を定めた結果による高度利用地区や商業用地としての用途誘導や、東京駅までの所要時間も土地の値段に影響していることがわかった。

港区については、再開発を行うために再開発促進区を定める地区計画、高さ制限を定める高度地区の指定は、土地に値段にプラスに働くことが確認される一方、地区から 50m 離れた場所では、これらの制度が土地の値段にマイナスの影響があることが確認できた。さらに３区合わせた分析では東京の中核となる商業、業務地域であることから容易に推測できるが、東京駅までの時間が土地の値段にマイナスであることがわかった反面、都市再生特別地区の影響は確認できなかったが、都市再生緊急整備地域、都市再生緊急整備地域から 50m や震災復興区各区整理の土地に対する影響が確認できた。台東区を含んだ 4 区での分析結果は、さらにこの傾向を強く示した。

（5）研究からの成果

ヘドニックアプローチは、仮説に基づき変数を揃え試行を重ねて一定の結果を得る手法なので、非常に時間と手間がかかる手法である。23 特別区の場合、都市計画の決定権限が分かれていて、東京都が主導して進めるもの、区が主体的に進められるものがある。今回、問題意識として持った国が進める都市再生緊急整備地域指定、都市再生特別地区の効能についても目に見える形で見ることができたし、各区が主体的に進めてきたまちづくりが着実に効果をあげてきたことがわかった。

（伴）

8.3　不動産価格に着目した都市計画制度の効果

（1）研究に取り掛かるまでの経緯

東京都心部、特に千代田区、中央区、港区ではバブル経済期に大規模な都市開発が行われ、業務、商業系の土地利用が進み都心部からの人口流失が社会問題化していた。8.2 において取りあげた都市更新という視点で、都心３区における都市更新の実態と、都市計画制度の外部効果についての研究をしていく中で都心部における都市政策とその効果について知ることができた。1990 年６月に大都市地域における住宅及び住宅地の供給の促進に関する特別措置法を根拠とする住生活基本計画を定め、それを受けて都道府県が策定した計画としての東京都住宅マスタープランを 2016 年に改正し、時期を前後して、これらの都心３区も住宅政策の見直しが行われた。こういった状況で、住民に一番近い基礎的自治体としての区が、どのように住宅政策を進めてきたのか、その住宅政策の効果や都市施策との連携等をヘドニック・アプローチを使い分析することとした。

（2）東京都、及び中心三区の住宅政策

東京都が 2017 年に策定した東京都住宅マスタープランでは、着眼点の一つとして「地域特性に応じた政策の展開」という記述があるが、中心３区に言及する記述はない。同時期に定めた住生活基本法に基づく重点供給地域について中心３区においての住宅整備のための関係法令、都市計画手法の関係

については、図 8.1 に示すとおりである。

また、区の施策に注目すると千代田区、中央区については、区条例により一定規模の建築に対して住宅付置義務制度を設けていた。[1] さらに、区が定めた住宅マスタープラン等については、千代田区と中央区が都市計画と連動したまちづくりの中で実現すると記述があり、港区については、都心居住をまちづくりと連動し質の高い住宅の供給をするとしている。

図 8.1　都市再生特別地区その他都市計画制度

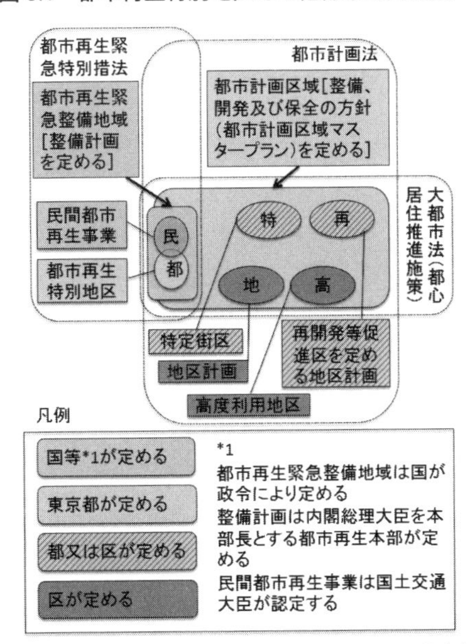

（出典：伴宣久（2018）「東京都心部における不動産価格に着目した都市更新と都心居住に関する都市計画制度等の効果の研究」）

（3）施策の分析方法

分析に際し中心３区の土地利用の状況をみると、いずれも高い容積率を背景に土地の高度利用が図られていることと、３区とも世帯におけるマンション居住の割合が８割前後あることからマンション価格に着目した。不動産価格の評価は実務においては土地引事例比較法や収益還元法等が用いられる。今回の分析では、都市施策との関連性を明確にしたいということから、都市施策により実現される公園、公開空地、その他の周辺環境整備の影響を分析しようと考えた。

1　中央区は 2003 年廃止、千代田区は 2016 年に廃止。

手法については、８章の８．２で分析に用いたヘドニック・アプローチを用いることとした。目的変数ついては分譲価格を考えたが、取得できるデータの数と発売当初、分譲価格自体は事業主の意向が上乗せされる状況も想定できるので、より市場の実情を反映している不動産として中古マンションの価格を使うこととした。説明変数については、購入者が当然に評価しようとする床面積、築年、最寄り駅からの距離、総戸数、方位、管理費に加え、様々な都市計画の施策や施策により実現された、公開空地、公園等の変数を用いた。

また、中古マンションの物件情報については。（株）マンションデータサービスより、住生活基本計画で定める３世帯の最低居住面積である、40㎡以上のデータを取得するとともに、不動産ポータルサイト HOMES から、特定の近接する二日間に限定してデーターを収集した。約 5,000 件のデータについて、商業系の地域以外のデータ、説明変数の揃わないものは、削除するとともにデータの重複が想定できるものは削除し下記のデータで分析を進めた。

表 8.1　各区ごとのデータ数、サンプル数と解析データの関係

ケース	千代田区	中央区	港区	台東区	計
Ⅰ．分譲マンションデーターベース（４０㎡）	176	422	708	485	1,791
Ⅱ．HOMES データ	71	132,6	3,390	385	5,172
Ⅲ．ダブり	-1	-56	-259	-70	-386
Ⅳ．データ不備	-39	-1,147	-2,972	-235	-4,423
Ⅴ．最終データ	31	123	159	80	393

（４）ヘドニックアプローチからの分析結果

まず、千代田区の分析結果は、予測していた都市計画制度及び総合設計制度の影響や居住環境に影響するような公園や公開空地等は、マンション価格との関連性が確認できなかった。次に、中央区における都市計画制度で容積率の緩和により得られた床面積、階数、規模などは、直接マンション購入者に評価されるが、間接的に得られる道路、公園、公開空地等は評価されないことが分かった。

港区については、都市計画制度に関する説明変数が物件価格に正の効果として観察された。これには、1991 年に定められた港区開発事業に関わる定住促進指導要綱の適用による良好な住環境と併設される生活利便施設が、マンション購入者に評価されていることを推測させる。

（5）研究からの成果

中心３区については、国、東京都、区それぞれ、都市計画制度の種類により決定権者が異なることから決定権者ごとの成果を述べる。

国の定める都市再生緊急整備地域については、港区のみが価格に正の影響をしていることが確認出来たが、標本数の多い中央区では、制度の効果が確認されなかった。東京都及び区が住宅や住環境整備に資する手法として再開発促進区等を定める地区計画では、港区で正の効果があったが、中央区では負の効果として現れた。区が定める地区計画の効果についても千代田、中央区ともに効果自体を確認できなかった。また、空地については、当初の予想に反して３区とも負の効果が確認された。

さらに、公園については３区全てで効果を確認できなかった。中心３区については、都心居住施策として一定のマンション供給に貢献したものの、周辺のマンション居住者に評価される居住環境の向上に寄与する効果は大きくなかった。さらに千代田区については標本数が少なかったので、精緻な分析がこれから望まれる結果となった。住宅政策は、非常に重要なもので政策の評価法の確立が期待される。

（伴）

8.4　実効性のある自治体まちづくりのあり方

第１章では、「自治体まちづくり（学）の定義」として、「自治体が主体となり、地域住民（市民）や地域団体・企業等と協力して市民の暮らしの場を、地域にあった住みよい魅力のあるものにしていく諸活動（自治体の視点でまちづくり学の定義にもあるように幅広い観点から探る学問。）」と定義した。

（1）まちづくりの評価

自治体まちづくりの評価は、だれがどの様に行うのか定まっていない。たとえば、物理的な土木や建築工事で発生するものであれば評価は難しくないといえる。建築工事の評価には、建物が完成すれば建物評価額が決まるわけで、土地にも課税上の評価価格がある。

これらと同じように自治体まちづくりについての評価という基準を作ることはできないのだろうか。第１章では「自治体のまちづくりのスキルによって私たち市民の暮らす実際の“まち”の姿に大きな差が出てきているのも事実である」と指摘している。つまりまちづくりの評価は、乱暴に言えば、その“まち“の自治体まちづくりのスキルの差によって決まるといえる。

ここで言う「スキル」とは、まちづくりの分野において、高いレベルで遂行できる能力や技術を指す意味である。つまり自治体のまちづくりスキルによって、その自治体まちづくりの評価が決まるといえる。

（2）まちづくりの評価の基準

そもそもまちづくりの評価とは何を指しているのか、住民の評価や満足度など地方自治体の規模や地域性をどのように考慮するのか、全国同じ基準がつくれるのか疑問である。さらに、どの時点をまちづくりの完成とみなして評価を行えばよいのか時系列的な評価の基準がない。

私自身､自ら携わったまちづくりについて､｢評価をする｣あるいは｢される｣ということを全く考えていなかった。むしろ後日評価をするのが決まっていたのなら、そのための仕掛けを最初から用意する必要があったのである。これは、最初にまちづくりの計画づくりの時点で実効性のある計画となっているかどうかを確認することが必要なのである。

なぜなら実効性とは効果のある計画が前提であり、その結果としてできあがってくるからである。つまりまちづくりを行うことで効果を生み出すことが必要なのである。よい計画とは「最小の費用で最大の効果を生み出す」ことであり、私たちが行ってきたまちづくりをこの視点で検証することも必要であろう。

（3）自治体まちづくりへの期待

いずれにしても、自治体まちづくりの事業の始まりは、比較的明確であるが、終わりはあまりはっきりと見えてこない様に思える。まちづくりをソフトとハードな事業として分けてみると、ソフトな事業ほど改善や改良しながら続いて行くことが多い。なぜこういうことが起きるかというと、もともと自治体がまちづくりの予算を使って行ってきたソフトな事業が、徐々に住民がそれぞれ個々にその事業を承継し、目的が同じでも事業の内容を変化させていく中で事業を継続していったことによる。

墨田区で取り組んだ単独雨水利用などはその事例といえる。当初は自治体のまちづくり予算で公有地に雨水貯留施設を設置していたものが、住民が自ら費用を負担して自分の住宅と一体化した簡易な雨水貯留槽を設置して、雨水を個人で日常散水等に使うことで雨水利用が普及したからである。これは区内全域に限らず、他の自治体にも波及して雨水利用の活動が行われている。一方で墨田区での雨水貯留槽の設置は、京島地区まちづくりで作られたような単独での建設は無くなり、大規模な公共施設の建設などで雨水貯留施設が見られるぐらいである。

（4）自治体まちづくりの終わりとは

自治体まちづくりは、終わりが見えるのであれば、その終了時点で検証すべきであり、当然評価することも必要である。京島まちづくりのように、主要生活道路整備事業が最後まで残って、事業として 30 年を超える年数続いている場合などは、どの時点で評価をすればよいか難しいと思う。これは、事業年数がかかったことは決してマイナスではないと言えるからである。道路拡幅の対象となった、多くの関係権利者の方々の了承を得る時間が長期にわたったためである。

これだけの年数をかけて事業を完成させたということは、事業担当職員の適切な引き継ぎを繰り返してきた結果であることであり、敬意を表したい。残りの整備路線も事業が進んでおり、この道路整備事業を時間がかかっても完成させ、自治体まちづくりの目標である、「地震・火災に強い安全なまち」を達成できることを期待するものである。

（河上）

8.5　次世代につながるまちづくりの実現に向けた提言

このように“実践・自治体まちづくり学”として３名の自治体職員経験者が自らの経験を踏まえ論じてきたが、それらの内容と得られた知見から“自治体まちづくり学”という新たな概念に基づき、まちづくりの４つの側面（①計画・プロセス、②参加型まちづくり、③規制・誘導、④評価）から以下のように提言としてまとめる。

（1）計画・プロセスの観点からの提言

提言１　「具体性・実効性のある計画を策定する」

地区計画制度ができたころ、自治体によっては、用途地域変更等を実現することだけを目的として、計画策定については、どの地区も内容が全く同じといっていいほど計画の内容が一律であった。今後、地域や地区固有の問題・課題を解決するためには、地域・地区独自の具体的な計画であることが求められる。

また、まちづくりの目的を実現するためのツールとして住民の参加や住民主体により策定された「計画」が重要な役割を担っており、地域や地区の特性を活かしながら、かつ住民参加を図りながら計画を策定する必要がある。このことにより、一層実効性のある地域や地区のまちづくりが実践できる。

提言２　「“できる”ところ（地域・地区）から“すぐに”取りかかる」

近所に高層マンションができそうなので、それを防ぐために地区計画を策定する動きをするといったことがあるが、これもある意味、「“できる”ことから“すぐに”取りかかる」ということであるのかもしれない。確かに将来の大きい計画を見据えながら実践していくことが筋ではあるが、地域や地区のまちづくりの場合にはとにかく、“できる”ところから“すぐに”始めるというスタンスが重要である。“まち”は常に変化しているので、待ってしまうことにより環境が悪化してしまうおそれがあるからである。

提言3　「一定の時期に計画を見直す」

地域や地区のまちづくり、特に地区計画においては、多くの場合、計画策定後何年も経過しているのに未だ策定当時のままの計画であることが多い。“まち”は常に変化しているので、状況に応じて適切な時期に計画を見直すことが必要である。

計画策定時だけのまちづくり協議会の活動ではなく、常にまちを見守り続けられるようなまちづくり協議会的組織の存続といったように、現状にあったまちづくりができるよう、状況に応じて見直しができる仕組みづくりをする必要がある。

また、都市計画制度的にも一度決めたことを地区計画の中に収めてしまうのではなく、上位の都市計画、例えば地域地区の変更や都市計画道路網の見直しにつなげていく計画論として確立することも必要である。

提言4　「職員の“学び”と積極的な“参加”（職員参加）」

自治体まちづくりでは、その自治体の職員（担当者）によるところが大きいことを第7章でも述べた。そのことからも職員が自らまちづくりを学ぶことが大切である。そのためにもまちづくり教育（仕組みづくり）についても考える必要がある。実際のまちづくりでは内容が広範囲に及ぶことから、職員にも幅広い知識が求められ、そのためにも学ぶ必要性がある。

職員参加に関しては、まちづくりが自治体の各部署に関係することが多いことから、各部署からの積極的な職員参加の体制をつくることにより効率的なまちづくりが期待できる。自らの経験でも庁内における都市マス策定やまちづくり条例の検討時には、部署を超え多くの職員に参加してもらえたことにより、実効性のある計画・内容として組み立てることができた。

提言５　「課題解決のための地域・地区まちづくりから環境保全・環境創出のための地域・地区まちづくりへと発想を転換する」

従来のまちづくりは、どちらかというと密集市街地の改善や紛争解決といった課題を解決するための地域・手段としてまちづくりが行われてきたことが多かったが、近年、環境保全・環境創出を目的とした地域や地区のまちづくりが行われるようになってきている。

今後も景観的視点を含めて「環境保全・環境創出」の視点にたった地域や地区のまちづくりを増やしていく必要がある。地球温暖化や環境破壊が社会的にも叫ばれているなか、「環境保全・環境創出」といった目的をしっかりと示すことで多くの市民がまちづくりに目を向けるようになってくるだろう。

（2）参加型まちづくりの観点からの提言

提言６　「市民（住民）のまちづくり教育を行う」

まちづくりの主役である市民（住民）も、まちづくりについて考えることのできる教育の場（学びの場）が必要なのではないだろうか。町会活動の中で行うということもあるかもしれないが、自治体独自にこうした「まちづくり教育」といった視点で取り組んでいく必要性があると考える。

第７章で取り上げた江戸川区の場合には総合人生大学の中に「江戸川まちづくり学科」があるが、このような場やそこで学んだ市民と、今後も活動を含めて連携していくことが求められる。

提言７　「市民（住民）の主体的活動を醸造する」

本書でも論じてきたように、まちづくりにおける計画策定やルール決定の場面においては、市民（住民）の主体的な活動が少しずつ行われてきている。これからは、出来上がった（出来上がりつつある）まちを住民自らが自分たちの住むまちを評価するといった視点も大切な要素となる。この「評価」の場面でも住民が主体的に活動できる仕組み（システム）づくりが求められる。

また、まちづくりのルールを策定した地域や地区が増えてきた段階では、策定地域・地区のノウハウを普及する取り組みなど、住民による主体的な活動を支援するための検討を行うことが必要になってくるだろう。

提言８　「まちづくり活動の継続性を確保する」

自治体は当初の計画を策定する段階で市民参加を呼びかけ、その活動に参加してもらっているが、計画策定以後には、その活動が休止あるいは解散されてしまい、その後の地域の「見守り」が何もされていないことが多い。まちの状況は刻々と進化するので、まちづくりの活動については地道に継続させることが必要である。

今後、計画を運用する役割を条例や要綱といったもので位置づけることも必要である。計画を提案したまちづくり組織は、その後の運用においても引き続き一定の役割を果たすように位置づけることができれば、まちづくり活動の継続性が確保できる。

（３）規制・誘導の観点からの提言

提言９　「都市計画が柔軟に対応可能な仕組みをつくる」

今までにもいろいろなところで議論されてきていることとして、都道府県に残された用途地域等の決定権限の分権があるが、実際に「まちづくり」を実践している市区町村が用途地域等決定の権限をもつべきであろう。そうすることにより各自治体の地域・地区特有の実情にあった、より実効性のあるまちづくりが実現できると考えるからである。

提言 10 「『用途』を基本とした都市計画から『建物高さ』を基本としたコントロールを行う」

都市計画においては、確かに「用途」は必要である。しかし、現在しばしば問題となっている建築紛争を見ると、「用途」や「容積率」といったことよりも「建物高さ」が大きな要因となっているのが実態である。今後、この「建物高さ」を基本として空間をコントロールする時代になってくることが予想される。

提言 11 「地域や地区の特性に合わせ、ルールの種類・手法の組み合わせ方を選択する」

まちづくりの実効性を確保するためには、まちづくりの目的に応じて、どのようなルールを使うか、あるいは手法を組み合わせるかが重要となってくる。

これからは、制度や事業、建物高さ・形状・色・壁面素材や周辺との調和を意識したルールの種類・手法の組み合わせが必要になるだろう。本書でも論じてきたように、地区計画等の制度や事業、条例や協定等を組み合わせることでまちづくりの実効性が担保される。

提言 12 「『守れる』ルールと補完する運営体制をつくる」

「規制・誘導」において大切なことは、地域や地区の将来像を実現するためにいかにしてルールを守っていくかということである。すなわち「守る」

ことのできるルールをつくり、それを補完する運営体制をつくっていくことが必要となる。

地域や地区の実情を丁寧に把握し、将来目指したい都市像と比較して様々な視点で議論し、必要となる規制・誘導の項目を発見する。その項目のうち、どの項目を堅い表現方法で記述し、どの項目を緩い表現にとどめるか、さらにはどのようなコミュニケーションの場を用意するかを関係する主体の参加のもと吟味していく。

そして、無理のない可能な範囲での運用体制を作り上げ、必要であれば法あるいは条例上に位置づけるという方法も取りつつ、住民参加の都市計画のもと規制・誘導を進めていくという方法が必要である。決して法や条例ありきの規制・誘導であってはならない。

提言 13 「わかりやすいツールを活用する」

参加型のまちづくりとも関連するが、規制・誘導は一方的に行われるのではなく、住民サイドに納得してもらい、実際に適用してもらわなければならない。そのためにもわかりやすい手引きやガイドといったツールを活用しながら住民に説明していく必要がある。

（4）評価の観点からの提言

提言 14 「まちづくりの現状・事後評価と定期診断を行う」

計画や事業を含め、つくりっぱなしのまちづくりではなく、一定の期間をおいて、どのように環境形成（改善・保全・創造）がされているのかといったことをしっかりと評価する必要がある。そして、その時の社会状況も踏まえながら、まちの変化に伴い定期的に診断し、その時点での修正が必要である。（→提言 3）

計画が着実に実現しているか、まちづくり構想が時代に合わなくなっていないか等の定期的な診断を、まちづくり組織を中心に、行政・コンサル等が連携して行う仕組みを構築し、診断によって問題を見い出すことができれば、計画の見直しも含め新たなまちづくり活動を立ち上げていく契機となる。住民が自ら自分たちのまちを定期的に診断するといったこともあってもいいのではないかと考える。

提言 15 「水や緑を含め " 環境 " といった価値観を評価する」

第 8 章では、ヘドニック・アプローチを用いた評価について紹介したが、現在の評価手法・条件だけではまちの環境を十分に評価することは難しい。

今後、「規制・誘導」の視点を盛り込み、まちの環境をプラス面で評価していくことにより、「規制・誘導」に対する理解が得られやすくなるとともに、計画やルールもつくりやすくなり、より一層良好な市街地環境形成が実現しやすくなるだろう。

" まちづくり " を一つの政策として考えるときに、本書でみてきたように、地域や地区のまちづくりの計画・ルール、それらを策定するにあたってのプロセス、具体的に実現するための制度や事業、さらには評価といった一連の関係性について整理・認識し、それらを着実に実践・展開していくことが必要である。

そのことは自治体に限らずコンサルや事業者、そして何よりもその " まち " に住んでいる住民が把握していなければならない。そういうことを考える意味においても本書がその一助になることを願う。

（上山）

〈参考・引用文献〉

青山吉隆、中川大、松中亮治（2003）『都市アメニティの経済学』学芸出版社
和泉洋人（1998）「地区計画策定による土地資産増大効果の計測」『都市住宅学』（No23）211-220頁
井上裕（2005）『新版 まちづくりの経済─知っておきたい手法と考え方』学芸出版社
株式会社東京カンテイ（2015）「東京カンテイプレスリリース / マンション化率　行政区」
株式会社日経BP（2004.5）「ヘドニック価格法による不動産評価─壁面後退と緑化が地価を上げる─」『日経アーキテクチュア』68頁
上山肇（1995）「親水公園の都市計画的位置づけに関する研究─東京都江戸川区を中心事例として─」千葉大学博士学位論文
上山肇（2011）「まちづくりの理論と実践」法政大学博士学位論文
上山肇、加藤仁美、吹抜陽子、白木節子（2004）『実践・地区まちづくり』信山社サイテック
北崎朋希（2011）「都市再生特別地区における公共貢献と規制緩和の実態と課題」『日本都市計画学会論文集』（№46-3）583-588頁
北崎朋希（2014）「特区制度はどのくらいの効果を上げたのか」『NRIパブリックマネージメントレビュー』（Vol.134）1-7頁
内閣官房地域活性化事務局都市再生の推進にかかわる有識者ボード経済効果検討ワーキンググループ（2014）「都市再生の経済効果」
伴宣久、吉川徹（2017）「東京都心4区における都市再生特別地区とその他都市計画制度の外部効果の比較」『日本建築学会計画系論文集』（82巻72号）1211-1219頁
伴宣久、吉川徹（2021）「東京都心部における中古マンション価格の要因から見た都市計画制度の影響」『日本建築学会技術報告集』（27巻66号）949-954頁
肥田野登（1992）「ヘドニック・アプローチによる社会資本整備便益の計測とその展開」『土木学会論文集』（№449）37-46頁
肥田野登（1997）『環境と社会資本の経済評価─ヘドニック・アプローチの理論と実際─』勁草書房
肥田野登、亀田未央（1997）「ヘドニック・アプローチによる住宅地における緑と建築物の外部性評価」『都市計画学会論文集』（No.32）457-462頁
藤岡美恵子 他（2001）「東京大都市圏における新築マンション価格のヘドニック分析」『日本都市計画学会・都市計画論文集』（No.36）943-948頁

藤田荘、盛岡通（1995）「ヘドニック価格法を用いた公園緑地の環境価値評価に関する研究」『環境システム研究』（23）64-72頁

おわりに

まちづくりに直接かかわることを離れ、自分の役人歴40年の中で苦労したまちづくりについて、現在、担当されている自治体職員、これからまちづくりに関わりたい方々や関係者のためになる本を書こうと誘われて数年たった。原稿を書くと、当時は結果を出すことに必死で、無我夢中だったことやいろいろなプロセスを踏みながら進めてきたことが思い出された。自分一人がヒーローではなくて、尽力してくれた自分の同僚たち、支えて頂いた地域の方々、進めることを了承してくれた区長や幹部職員皆さんのお陰でまちづくりを進めることができた。改めて関係者の皆さんに心より感謝する。

今回、自治体まちづくり学という体系の中で、自分の経験談や勉強してきたことをまとめられた達成感にひたっているが、書き足りないこともたくさんあり、この本が皆さんのお役に立つことを心よりお祈りするとともに、次刊を書きたいという気持ちが沸々とわいてきた。もっともっとまちづくりの勉強をしたいし、現場をみてみたい。みなさん、まちづくりの現場でお会いしましょう。

最後に、このような機会を与えてくださった公人の友社の武内英晴社長と担当された萬代伸哉様に心から感謝するとともに、本書が自治体職員をはじめ、まちづくりに関連する皆様のお役に立てればと考える。

なお本書出版にあたり株式会社HESTA大倉様、株式会社WorldLink & Company様より産学官連携に伴う研究支援（出版助成等）をいただいた。この場を借りて心から感謝を申し上げる。

（伴）

編・執筆者紹介

上山　肇（かみやま・はじめ）

法政大学大学院政策創造研究科教授。法政大学地域研究センター兼担研究員。千葉大学工学部建築学科卒業、千葉大学大学院自然科学研究科博士課程修了、博士（工学）。法政大学大学院政策創造研究科博士課程修了、博士（政策学）。

民間から東京都特別区（江戸川区）管理職を経て、現職。行政では都市計画、まちづくり、公共施設建設等を歴任。在職中、国際表彰制度（第12回 LivCom）において江戸川区の“SILVER AWARD”受賞に寄与。また、江戸川区の一之江境川親水公園沿線における全国初となる景観地区指定に寄与、この取組は（社）環境情報センターより「計画・設計賞」を受賞している。

日本都市計画学会では学術委員会、日本建築学会では環境工学委員会（親水とSDGs小委員会主査）などを歴任。外部委員では、江戸川区新庁舎建設基本構想・基本計画策定委員会委員長、江戸川区街づくり基本プラン（都市マス）・住まいの基本計画（住マス）改定検討委員会副委員長、中野区地域ブランドアップ協議会調査専門委員会委員長、岡山県鏡野町公共施設等総合管理計画検討委員会委員長などを歴任。

現在、江戸川区新庁舎アドバイザリー会議会長、狛江市かわまちづくり協議会委員長、新宿区本庁舎整備検討調査業務に係る事業者選定アドバイザー、静岡市商業振興審議会アドバイザーなどを務める。一級建築士。建築基準適合判定資格者。

著書：『観光の公共創造性を求めて―ポストマスツーリズムの地域観光政策を再考する―』（公人の友社、編著、2023年）、『水辺の公私計画論―地域の生活を彩る公と私の場づくり―』（日本建築学会編、分担執筆、技報堂出版、2023年）、『まちづくり研究法』（三恵社、2017年）、『親水空間論―時代と場所から考える水辺のあり方―』（日本建築学会編、分担執筆、技報堂出版、2014年）、『水辺のまちづくり―住民参加の親水デザイン―』（日本建築学会編、分担執筆、技報堂出版、2008年）、『実践・地区まちづくり―発意から地区計画へのプロセス―』（信山社サイテック、共著、2004年）他。

論文：「東京都53自治体における地域循環バス運行の実態」（『自治体学』Vol.34-1、2020年）、「市民協働におけるボランティアのあり方に関する研究―江戸川区子ども未来館を事例として―」（『自治体学』Vol.32-2、2019年）、「一之江境川親水公園周辺における景観形成の経緯と現状」（『都市計画論文集』Vol.49 No.3、2014年）他。

執筆者紹介

河上　俊郎（かわかみ・としろう）

東海大学工学部建築学科卒業。日本大学大学院理工学研究科建築学専攻修士課程修了、修士（工学）。

東京特別区（墨田区）管理職を経て（一財）墨田まちづくり公社常務理事、東京東信用金庫を経て、現在に至る。行政では都市計画、建築、営繕、京島まちづくり課長等を歴任。まちづくりでは、京島地区まちづくり、一寺言問防災まちづくり等を担当。新タワー（東京スカイツリー）担当部長として誘致からグランドデザインの策定や工事着工まで担当。土木担当部長として曳舟駅周辺再開発を担当。都市計画部長として区内全域の高度地区の指定を行う。危機管理担当副参事として空き家条例を策定。

2006 年 6 月 17 日 墨田区耐震補強推進協議会（現墨田区耐震化推進協議会）の設立を主導。設立母体として区内建築関係団体、一般社団法人建築士事務所協会墨田支部、建設業団体（墨田区建設業協会、東京土建一般労働組合墨田支部、墨田建設産業連合会）、区内町会・自治会および（一財）墨田区まちづくり公社が一体となり立上げ、区内建物の耐震化に取り組んで現在に至っている。

個人として、すみだまちづくり塾を主宰（2005 年から 2013 年）

現在墨田区耐震化推進協議会幹事。すみだ食育推進会議委員などを務める。

一級建築士。建築基準適合判定資格者。

論文：河上俊朗、鈴木毅彦「耐震補強推進協議会による地域ぐるみの建物耐震化推進運動」『地学雑誌』（Vol.116、No3/4、2007 年）。

執筆者紹介

伴　宣久（ばん・のぶひさ）

（一財）日本建築設備・昇降機センター定期報告部長。東京都市大学（旧武蔵工業大学）工学部建築学科卒業。東京都立大学（旧首都大学東京）都市環境科学研究科博士課程後期修了、博士（工学）。

民間から東京都特別区（台東区）管理職を経て、現職。行政で、営繕課長では、台東区立病院建設、上野中央通り地下駐車場建設等、公共施設の建設、営繕を担当。まちづくり推進課長として、浅草通りシンボルロード整備地元調整担当、浅草六区地区計画策定、御徒町地区計画変更、両地区計画区域内の事業調整、台東区景観計画を策定。

都市計画課長として台東区都市計画マスタープランを担当。都市づくり部長として、上野地区まちづくりビジョン、谷中地区まちづくり方針、谷中地区地区計画担当、浅草六区国家戦略特区指定、台東区住宅マスタープラン、台東区建築物耐震化促進計画、台東区空き家条例などを担当。

一級建築士。建築基準適合判定資格者。

論文：「敷地整序型区画整理事業を活用した歩行者空間の創出と大街区による商業・業務機能の強化」（アーバンインフラ・テクノロジー推進会議、2012年）、「東京都心4区における都市再生特別地区とその他都市計画制度の外部効果の比較」（『日本建築学会計画系論文集』82巻72号、1211-1219頁、2017年）、「東京都心部における不動産価格に着目した都市更新と都心居住に関する都市計画制度等の効果の研究」（博士論文、2018年）、「東京都心部における中古マンション価格の要因から見た都市計画制度の影響」（『日本建築学会技術報告集』27巻66号、949-954頁、2021年）。

〔実践〕自治体まちづくり学
—まちづくり人材の育成を目指して

2024年2月5日　第1版第1刷発行
編著者　上山　肇
著　者　河上俊郎 / 伴　宣久
発行人　武内　英晴
発行所　公人の友社
〒112-0002　東京都文京区小石川5-26-8
TEL 03-3811-5701　FAX 03-3811-5795
e-mail: info@koujinnotomo.com
http://koujinnotomo.com/
印刷所　モリモト印刷株式会社

ISBN978-4-87555-909-2　C3030